甘肃省教育厅高等学校创新基金项目：基于 SC 变换复杂边界致密砂岩油藏压裂水平井试井分析（编号：2021A–127）

国家自然科学基金项目：鄂尔多斯盆地致密气充注动力与富集规律研究（编号：4216020027）

甘肃自然科学基金项目：陇东地区低渗油气藏水平井现代产量递减及生产动态预测研究（编号：21JR1RM327）

基于 Schwarz Christoffel 变换曲流河致密砂岩油藏模拟方法研究

王玉凤　著 ▲

吉林大学出版社

·长春·

图书在版编目（CIP）数据

基于Schwarz Christoffel变换曲流河致密砂岩油藏模拟方法研究 / 王玉风著. — 长春：吉林大学出版社，2022.7

ISBN 978-7-5768-0032-6

Ⅰ. ①基… Ⅱ. ①王… Ⅲ. ①油藏数值模拟—方法研究 Ⅳ. ① TE319

中国版本图书馆CIP数据核字（2022）第141122号

书　　名：基于Schwarz Christoffel变换曲流河致密砂岩油藏模拟方法研究
　　　　　JIYU Schwarz Christoffel BIANHUAN QULIUHE ZHIMI SHAYAN YOUCANG MONI FANGFA YANJIU

作　　者：王玉风　著
策划编辑：邵宇彤
责任编辑：刘守秀
责任校对：魏丹丹
装帧设计：优盛文化
出版发行：吉林大学出版社
社　　址：长春市人民大街4059号
邮政编码：130021
发行电话：0431-89580028/29/21
网　　址：http://www.jlup.com.cn
电子邮箱：jldxcbs@sina.com
印　　刷：三河市华晨印务有限公司
成品尺寸：170mm×240mm　　16开
印　　张：15.25
字　　数：261千字
版　　次：2023年1月第1版
印　　次：2023年1月第1次
书　　号：ISBN 978-7-5768-0032-6
定　　价：88.00元

前　言

　　曲流河致密砂岩储层物性非均质强，物性分布复杂，如何精确模拟曲流河沉积相致密砂岩储层是该类油藏开发阶段研究的一个核心内容，但模拟要基于地质静态的地质模型，地质模型是对油气藏的类型、几何形态、规模大小、油藏内部结构、储层参数及流体分布的高度概括，也是油藏综合评价的地质基础、油藏数值模拟的必要参数以及油藏开发调整方案的直接依据。虽然在目前Petrel 储层参数模拟软件中引入了协同克里金方法，但需要更多的其他参数辅助。本书针对曲流河物性方向的非单一性问题，采用 Schwarz Christoffel 映射方法，详细论述如何根据 Schwarz Christoffel 映射原理，将不规则曲流河油藏边界、井位及相关参数通过映射变化，映射到规则区域进行研究、分析。

　　本书属于油藏地质建模与数值模拟方面的著作，由常规地质建模的技术与方法、实例研究区的基本情况、Schwarz Christoffel 变换建模基本原理、Schwarz Christoffel 变换建模实现流程与 Schwarz Christoffel 变换模拟结果对比分析五个部分组成。其中，常规地质建模的技术与方法中介绍了变差函数、简单克里金模拟方法、普通克里金模拟方法、泛克里金模拟方法和序贯高斯模拟的基本原理及实现过程。基于 Schwarz Christoffel 映射原理的模拟方法中分别介绍了实际油藏封闭多边形边界到规则区域矩形区域的 Schwarz Christoffel 映射原理、Schwarz Christoffel 映射非线性系统求解方法、实际油藏封闭边界区域中点位与矩形区域中的点位互拟映射的计算方法，以及实际油藏区域与规则矩形区域映射的比例。基于 Schwarz Christoffel 映射模拟的实践部分介绍了如何根据 Schwarz Christoffel 映射方法模拟规则矩形区域中油藏孔隙度、渗透率和含水饱和度等参数，如何将规则区域中的油藏的物性参数还原到实际的油藏区域。经过 Schwarz Christoffel 映射处理，使模拟的结果与实际的地质情况更加吻合，这对 Schwarz Christoffel 映射数值计算的研究、复杂边界油气渗流问题、方向多变的区域储层参数的模拟研究和相关的从业人员有学习和参考价值。

　　本书受到了国家自然科学基金项目（项目编号：4216020027）、甘肃省自然科学基金项目（项目编号：21JR1RM327、1606RJZM092）、甘肃省教育厅高等学校创新基金项目（2021A-127）等项目支持，在此表示感谢！

　　由于笔者水平有限，书中不足之处在所难免，诚请广大读者批评指正。

王玉凤

2021 年 6 月 10 日

目 录

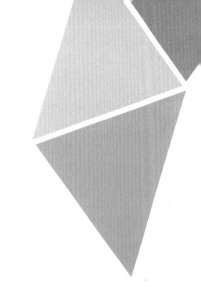

第 1 章　引言

1.1　研究意义及目的

曲流河致密砂岩储层物性非均质强，物性分布复杂，如何精确模拟曲流河沉积相致密砂岩储层是油藏开发阶段研究的一个核心内容，但模拟要基于地质静态的地质模型，地质模型是对油气藏的类型、几何形态、规模大小、油藏内部结构、储层参数及流体分布的高度概括，也是油藏综合评价的地质基础、油藏数值模拟的必要参数以及油藏开发调整方案的直接依据。国内对曲流河的地质建模方法一般都是基于常规的地质统计学方法进行建模研究，针对曲流河物性方向的非单一性问题。

Schwarz Christoffel 变换方法在处理一些不规则形状问题中有独特的应用。在解决实际工程问题的过程中，Schwarz Christoffel 变换模型有着重要的作用，Schwarz Christoffel 变换能够把一个二维空间上复杂的边界几何体映射到另一个二维空间上形状简单的几何体，从而可以简化工程中复杂边界问题的处理，如复杂形状管道中的黏性流边界问题、多个复杂形状电极板之间的电磁场边界问题以及船舶操纵性航道干扰研究中的复杂水域边界问题等。

在油藏地质建模过程中，通过变差函数分析，可以在研究区域上提供物性参数分布特征，主要包括水平（或垂直）方向主变程的方位、大小，水平（或垂直）方向次变程的方位、大小，但整个研究区域上方向是唯一的。对于复杂的油藏地质构造，物性变化的主方向就不再是单一方向，例如，在曲流河沉积相中，物性可以沿着河道方向进行变化。这样建立的地质模型与实际的地质情况差距较大，为了使建立的地质模型与实际地质情况较好地吻合，本研究应用多角区域 Schwarz Christoffel 变换方法来改进复杂地质构造建模中物性变化方向的问题。

1.2 国内外研究现状

1.2.1 Schwarz Christoffel 变换国内外研究现状

在实际工程问题处理中，我们经常用保角变换方法，把一个平面上复杂形状的几何体映射到另一平面上简单形状的几何体，从而使一个复杂的工程问题得以简化。Schwarz Christoffel 变换的数值计算方法在国内研究较晚。1994 年，王刚 [1] 对上半平面的数值 Schwarz Christoffel 变换进行研究，采用数值高斯 – 雅可比型积分解决奇异积分问题，对于非线性系统的求解方面，利用牛顿 – 拉夫森迭代法导出了求解 Schwarz Christoffel 变换各个参数的数值过程；1995 年，王刚 [2] 对槽形内域中的数值 Schwarz Christoffel 保角变换进行研究，对于数值 Schwarz Christoffel 保角变换过程中出现的数值奇异性，根据复平面上槽形内域边界的特点，分别导出了左右对称槽形区域的保角变换公式；2003 年，田雨波 [3] 对 Schwarz Christoffel 反变换的快速收敛算法及其应用进行研究，将弛豫法和循环余割法相结合并调整收敛判据，能够快速求解 ISC 的非线性方程，不必给定特殊的初始值就可以确保收敛，通过加入某些虚顶点和去除奇点等方法可避免积分中遇到的困难；2004 年，杨荣奎 [4] 对多角形域上第一类边界积分方程的高精度配置法进行研究，提出了一种多角区域第一类边界积分方程的高精度算法，离散之前采用特殊周期变换，消去边界积分方程未知函数在积分端点的奇异性；2013 年，祝江鸿 [5-6] 采用 Schwarz Christoffel 变换 Laurent 级数模型导出地下开挖隧洞断面到单位圆映射的计算方法，但对复杂开挖洞面，级数构成项较多，求解复杂；王润富、朱大勇、皇甫鹏鹏等 [7-9] 都以 Schwarz Christoffel 变换级数模型建立了多边形区域到单位圆映射模型，但级数模型构成复杂，计算量大，精度难以控制；2002 年，徐趁肖等 [10] 研究了复杂边界单连通区域共形映射模型，采用复变三角插值理论，利用法线迭代收敛方法，将任意复杂边界单连通区域问题映射为单位圆区域进行求解，但三角差值中涉及复杂的级数计算；王志良、王振武等 [11-12] 在研究浅埋隧道围岩应力场计算与地下矩形洞室应力分布复变函数解的过程中，采用保形映射公式为 Laurent 级数表示形式，其系数的求解方法复杂；李明、袁林等 [13-14] 在矩形巷道围岩应力与变形黏弹性研究的过程中，建立了矩形巷道到单位圆的保形映射变换，但只考虑了矩形四个顶点与单位圆周的映射关系；施高萍、陈凯等 [15-16] 在进行矩形巷道孔边应力的弹性分析时，建立了单位圆外域共形映射到洞室外域的映射函数，并以 Laurent 级数有限项对该问题进行了求解；何峰、赵凯等 [17-18] 在矩形巷道围岩应力分布特征研究时，将圆形区域保形映射到矩形区域上，但只考虑了矩形三个顶点与圆形边界的对应关系；2016 年，崔建斌等 [19] 对任意多边形区域到上半平面的 Schwarz Christoffel 变换数值模型进行了研究，对于 Schwarz Christoffel 变换中出现的奇异积分问题，通过搜寻区间奇异点，细分积分区间，在子区间中采用高斯－雅可比型积分，并对其权函数正交多项式零点和权值进行校正，对于非线性系统的求解，采用 Levenberg Marquardt 算法求解 Schwarz Christoffel 变换参数系统；2017 年，崔建斌等 [20] 对任意多边形区域到单位圆的 Schwarz Christoffel 变换数值模型进行了研究，从黎曼存在定理出发，建立了单位圆到任意多边形区域映射函数 Schwarz Christoffel 变换模型，采用 Levenberg Marquardt 算法求解含约束条件的非线性映射函数 Schwarz Christoffel 变换模型参数系统。对于映射函数中出现的奇异积分问题，对映射函数进行两次参数变换－化为高斯－雅可比型积分，以积分路径中的奇点为界，缩小积分路径长度，在子路径采用修正高斯积分方法进行计算。通过指数变换、连乘变换和累加变换处理，使任意初值问题都可以进行迭代计算并满足初值的约束条件。提出了以边长绝对误差和顶点绝对误差作为迭代计算的收敛条件，保证了映射函数的精度。

1992 年，Costamagna 等 [21-24] 研究了矩形区域的 Schwarz Christoffel 变换，若变换点选择不当，会导致计算速度慢、计算结果精度低。1993 年，J. M. Chuang 等 [25-28] 研究了简单无界区域数值 Schwarz Christoffel 变换数值计算方法。1998 年，Hu 等 [29-31] 人对多连通有界区域的 Schwarz Christoffel 变换数值计算方法进行了研究。2001 年，Costamagna 等 [32-33] 人对数值 Schwarz Christoffel 逆变换方法进行研究，但要得到精确的结果，需要长时间的计算。文献 [34-3] 研究了矩形区域的 Schwarz Christoffel 变换的数值算法。文献 [36-39] 主要对单连通区域以及多连通区域 Schwarz Christoffel 变换数值计算过程的收敛性以及误差进行了讨论，为后续研究工作提供了理论依据。文献 [38-39] 对数值 Schwarz Christoffel 逆变换方法进行研究，但要得到精确的结果，需要长时间的计算。

1.2.2　曲流河模拟国内外研究现状

油气地质建模是 20 世纪 80 年代中后期兴起的一项用于油气藏描述和油气分布预测的多学科理论。它是以沉积岩石学、构造地质学、石油地质学和层序地层学等为地质基础，以地质统计学、油层物理学、油气藏工程、渗流力学和三维网格切割技术等为方法，以计算为手段，最大限度应用目前对油气藏认识规律，通过计算机技术进行油气藏及内部结构精细解剖以及三维空间展示，对建立的三维数字化地质模型结合油气藏动态情况进行数值模拟，进一步揭示地下油气水分布规律和各种油藏属性参数的空间分布情况，其中包括三维静态属性和四维的动态属性，这为后期油气藏的开发方案调整提供依据[40-42]。

地质统计学创建于 20 世纪 60 年代初[43]，由法国著名学者马持隆教授提出，他把传统统计学（仅考虑变量本身的统计规律）理论与区域化变量（既考虑变量本身的统计规律，又考虑变量的空间位置变化情况）的概念相结合，提出了以变差函数为工具的数学技术。地质统计学最早应用于对矿产的丰度估计和预测中，其后的发展中，以地质统计学为基础，先后提出了克里格技术（简单克里格和普通克里格技术）和随机模拟技术。20 世纪 90 年代初期，以裴亦楠为代表的国内地质学家在紧跟国外研究的同时，逐步探索并构建了适合我国陆相储层的随机建模体系。

到 1985 年，随机模拟技术逐步发展为以非条件模拟为主，如转向带法、傅立叶谱估计法和 LU 分解法等。目前，在国内外出现了 20 多种模拟算法[44]，比较流行的随机模拟算法主要有示点性过程法、布尔模拟法、序贯高斯模拟、截断高斯法、马尔科夫 – 贝叶斯模拟、分形模拟、序贯指示模拟和模拟退火等方法。要完成随机模拟，有两个关键点：一是建模对象的固有地质统计特征如何正确掌握；二是选择合适的模拟算法。关于随机模拟算法，国外以美国斯坦福大学和法国矿业学院枫丹白露地质统计中心为代表，已发表了很多算法。在国内，以王家华为首的研究小组结合油田生产实际情况，发展了随机模拟的新算法，提出了适合我国分布很广的河道砂体储层随机建模方法。同时，我国北京石油勘探开发研究院也构建了自己的随机模拟软件系统。

20 世纪 80 年代，我国储层地质学研究者在数十年对我国陆相碎屑岩储层研究的基础上，开始探索定量地质模型的建立和发展。20 世纪 90 年代初期，西部大量新油田被相继发现，根据这一石油工业发展特点，重点发展和完善了油田开发早期评价阶段概念模型的建立方法[45]，提出了概念设计阶段地质模型的建立不必追求细节，重点应该是整体面貌与客观地质体的逼近。

1990 年以来是储层地质建模的重点发展阶段。1995 年，张团峰等[46] 讨论了储层随机建模的思想和作用，随机模拟的方法和优点，以及多个变量的联合模拟技术、序贯模拟技术、误差模拟技术等随机模拟技术的基本原理。

1996 年，张团峰[47] 利用非参数回归函数的核估计，讨论了非参数回归函数的逐点假设检验问题。在较一般的条件下，给出了任意 K 次回归曲线的结果，在此基础上进一步给出了水平为 T 的非参数回归函数逐点假设的渐近拒绝域。

1996 年，张团峰[48] 讨论了非参数回归函数的核估计，利用核估计误差分解方法，在较弱条件下，得到了回归函数核估计的叠对数律。

1996 年，张团峰等[49] 重点探讨了随机模拟技术和油藏数值模拟结合，进而提升油藏数值模拟效果的若干应用，研究认为，把随机模拟技术作为油藏数值模拟的前期手段，对研究和掌握非均质油藏的注水开发行为有重要意义。

1996 年，侯景儒[50] 探讨了有关地质统计学发展现状的几个问题：数学地质的发展现状及研究内容；地质统计学的发展现状及研究内容；普通克里格法及泛克里格法（线性地质统计学）的方法及应用；非参数地质统计学（指示克里格法、加权中位数法及对数正态克里格法等）的方法及应用；地质统计学方法在储量计算中的应用情况；关于处理特异值（特高品位）的地质统计学方法；关于矿石储量定量分级的地质统计学研究；关于最优勘探网度的地质统计学研究；可回采储量总体的问题。

1996 年，杜亚军等[51] 探讨了线性地质统计学的发展与地质工作逐渐由定性向定量、由人工劳动逐渐被计算机取代的过程密切相关。对样品品位赋予一定的权值进行滑动加权平均来估计中心块段平均品位的方法，为地质问题的计算能在计算机上实现开辟了新的途径。

1996 年，史海滨等[52] 以中国东北春旱秋涝严重的西辽河灌区为背景，用线性地质统计学理论探索 1 m 深农田土壤层内非平稳型（含有漂移）水分信息的空间分布特征。在采样区土壤水分信息空间结构性揭示基础上，对土壤水分信息的空间漂移数据与观测尺度间的效应关系、区域化变量变差函数与剩余变差函数间的差异性，以及普通克里格法与泛克里格法用于待估区域水分信息值的差异性等进行了较深入的研究。结果表明，在最大滞后距范围之内，两种估值方法得到的结果与实验值均较吻合，因而可用计算简单的普通克里格法对线性非平稳型土壤的水分信息进行大面积区域灾情预测。

1997 年，张团峰等[53] 从理论和应用上论述了克里金估计理论和随机模拟理论的若干重要区别。克里金估计理论实际上是一种在均方损失下最优线性无偏估计，在应用上具有平滑效应，适合描述变化不剧烈的连续地质变量的空间预测。随机模拟技术作为地质统计学的新领域，是当今储层表征技术的一个重要组成部分，特别适合对非均质性严重储层的刻画和描述，它产生各种等可能的储层随机图像，这一系列等可能的储层随机图像实现过程反映了储层特征空间分布的非均质性和不确定性。

1997 年，李钟山[54] 主要讨论了变差模型的技术，包括基本的变差函数、空间各向异性的分析、标准化变差、线性协同区域化以及坐标变换问题。最后，讨论实际变差模型的两种基本方法：地质方法和穷举法。两种方法只适合带有块金效应为地质统计学的专业术语和一个结构的简单变差模型，对于多种空间结构套合的一般情形，同样的思路也可以推广应用。

1999 年，肖斌等[55] 结合现代地质统计学最新进展，对现代地质统计学的现状进行了研究，着重对时空域中的多元信息地质统计学和时空多元动态条件模拟进行了探讨，并在最后指出了现代地质统计学今后的发展方向。

2000 年，肖斌等[56] 结合地质统计学发展现状，对地质统计学的新进展进行了研究，从地质统计学理论体系、应用及软件开发等方面探讨了地质统计学的发展前沿，并指出时空多元技术、条件模拟、非参数和非线性将是地质统计学今后的发展趋势。

2001 年，吕晓光[57] 利用开发阶段油田密井网提供的动、静态资料，把沉积过程分析、测井曲线分析和油田动态资料分析相结合的思路进行储层平面连续性精细描述与展布，为油田的储层建模提供借鉴。

2001 年，吴刚[58] 引进变差函数和隐含多项式曲线理论对景物图像中的物体分割、描述和识别做了较为系统的研究。

2003 年，王建[59] 针对河流相储集层非均质性强，应用多种方法对孤岛油田进行建模研究和分析，认为河流相储集层定量建模的最优模拟方法是指示模拟方法。

2005 年，陈焕东等[60] 研究了二元高斯分布法、正态变换和埃尔米特多项式的应用，并实现了析取克里格的算法，再现了它在真值空间变异性上的优势。

2005 年，吴胜和等[61]系统地介绍了多点地质统计学的基本原理及方法，并以我国渤海湾盆地某区块新近系明化镇组河流相储层为例，进行了多点统计学随机建模的实例分析。多点地质统计学为储层随机建模的国际前沿研究方向，该方法综合了基于象元的方法易忠实条件数据以及基于目标的方法易再现目标几何形态的优点，同时克服了传统的基于变差函数的二点统计学不能表达复杂空间结构和再现目标几何形态的不足。

2005 年，冯国庆等[62]介绍了多点地质统计学的基本原理，并利用该算法模拟了我国东部某砂岩油藏的岩相分布。通过对储层非均质性模拟研究，揭示储层在岩性、物性和含油气性的各向异性或非均质性，揭示砂体展布、连通程度以及在横向、纵向上的变化规律，有利于开发方案的制定及注采井网的部署。

2006 年，常文渊等[63]利用 Lorenz 系统混沌解序列和全国 160 个站的气象资料研究了线性地质统计学在时间域上做外延预报的可行性并与自回归过程 AR 模型进行比较。结果表明：时间域上普通克里格法的外延计算与矩估计法建模的 AR 模型法相似，但前者使用了无偏性条件，使其在平稳或非平稳序列上都具有更好的外延能力；泛克里格法引入内插中漂移概念，反而限制其外延计算，使在平稳序列上的外延解也呈现出类似漂移多项式的变化。同时，提出克里格法有关外延计算的 3 个试验方案。

2006 年，隋新光等[64]基于野外地质露头、现代河流展布规律研究结果，通过对典型井组曲流河点坝体几何特征参数的分析，提出了曲流河道点坝体内部侧积夹层识别、描述和侧积体确定性建模方法。

2006 年，隋新光[65]针对大庆萨尔图油田中部开发区曲流河沉积储层发育具有代表性的实际情况，基于油田密闭取心资料、密井网测井资料、精细地质研究成果和沉积学、层序地层学、地质统计学及层次分析法、结构要素分析法等理论和方法，提出了曲流河道砂体内部建筑结构研究的工作方法和标准。

2007 年，张存才等[66]综合应用地质、测井和生产动态等资料，结合剖面分析、水动力条件等研究，应用 RECON 软件和 Petrol 软件实现了大庆油田北三区西部砂体内部侧积夹层的三维数字化表征，建立了曲流河砂体倾斜状泥岩夹层的三维地质模型，并最终实现了对曲流河点坝侧积夹层的半定量描述。

2008 年，李少华等[67]介绍了当前石油地质统计学的研究现状和发展趋势，尤其是在多点地质统计学、基于过程的模拟和生产动态数据整合等方面的研究情况。

2008 年，张团峰 [68] 描述了多点地质统计学的原理，以突出训练图像概念重要性为主线，描述了多点地质统计学在建立三维储层模型中的应用。新近兴起的多点地质统计学为地质学家和储层建模人员提供了一种有力工具，它强调使用训练图像把先验模型明确而定量地引入储层建模中。先验地质模型包含被研究的真实储层中确信存在的样式，而训练图像是该模型的定量化表达。通过再现高阶统计量，多点算法能够从训练图像中捕捉复杂的（非线性）特征样式并把它们标定到观测的井位数据。

2008 年，张伟等 [69] 应用多点地质统计学和相控建模相结合的方法，以秘鲁 D 油田 V 层为例进行了地质条件约束下的地质建模研究。首先根据地质概念模型建立训练图像，然后应用多点地质统计学 SNESIM 算法模拟沉积微相，最后在沉积微相控制下进行储层参数模拟。研究结果表明：多点地质统计学方法不仅忠实于井点数据，还可以在使用的训练图像中加入地质概念，从而对随机模型进行地质约束；V 层沉积微相随机模拟较好地再现了沉积微相的空间结构，其孔隙度模拟实现与相应沉积微相模型吻合较好，且沉积微相对储层参数的空间分布具有较大影响；多点地质统计学方法和相控建模的建模原则有助于从地质的角度对模型进行约束，促进概念模型向定量模型转化，从而建立合理的反映地下实际情况的三维模型。

2008 年，骆杨等 [70] 在对传统建模方法综合分析的基础上，介绍了多点地质统计学的基本理论及 SNESIM 算法，并应用该技术对大牛地气田某开发井区的辫状分流河道相进行了实际建模。研究结果表明，在河流相储层建模中，该方法比传统的建模方法更具优越性。最后，综合讨论了多点地质统计学目前面临的主要问题（包括训练图像、目标体连续性、数据样板选择、综合地震信息等方面）的改进方法。

2008 年，尹艳树等 [71] 在港东二区六区块油藏储层非均质性、油水关系等油藏地质特征分析的基础上，综合利用动、静态资料准确获取了曲流河储层三维地质建模所需的储层地质结构参数，并利用示性点过程法建立了储层三维地质模型。

2008 年，吴胜和等 [72] 提出了层次约束、模式拟合和多维互动的地下储层构型分析与建模思路，并以济阳坳陷孤岛油田馆陶组曲流河储层为例，论述地下古河道储层构型的层次建模思路与方法。曲流河储层构型可分为 3 个层次，包括河道砂体层次、点坝层次和侧积体层次。

2009 年，岳大力等[73]探索了储集层构型界面的几何建模方法，将构型界面模型嵌入基于三维结构化网格体的相模型中，建立了研究区 26-295 井区真正意义上的、更符合地下实际的三维储集层构型模型，再现了成因微相内部构型单元及界面的空间分布特征，满足了三维油藏数值模拟的需要。

2009 年，白振强等[74]应用岩心、测井和动态生产资料，采用"模式预测，分级控制"的砂体内部构型研究方法，对高含水后期密井网条件下曲流河砂体沉积单元、沉积微相、单一河道砂体、单一河道内部点坝砂体以及点坝内部构型进行了分级描述，精细研究了曲流河砂体内部构型，建立了点坝砂体侧积夹层的规模、产状定量分布模式，确定了描述侧积夹层产状的倾向、倾角、延伸和水平间距 4 个参数。

2009 年，李毓[75]通过对比分析，采用不同的微相划分和归并方案后的相控建模效果，确定出既能控制和影响砂体发育，又能最大限度体现相控建模效果的相划分原则。

2009 年，张挺[76]首先采用扫描电镜及同步辐射装置分别获取真实多孔介质的二维和三维数据，以这些数据为训练图像，采用多点地质统计法进行多孔介质重构。

2010 年，兰丽凤等[77]针对高含水后期密井网条件下曲流河砂体，应用岩芯、测井和生产资料，采用"模式预测，分级控制"的砂体内部构型研究方法。

2010 年，廖保方[78]采用多学科信息集成约束的储层建模思路，提出了针对南堡油田非均质河道砂体的多级相控建模方法。

2010 年，文华[79]采用基于目标层次建模方法和基于象元的序贯指示模拟方法，逐层建立沉积微相的分布模型。

2010 年，杜文凤等[80]将钻井煤层厚度和地震振幅作为区域化变量，用变差函数进行模拟，预测出的煤层厚度既可反映钻井数据煤层厚度的变化规律，又可体现出地震数据的变化趋势。利用研究区巷道揭露的见煤点实测煤层厚度数据，对协同克里金法预测煤层厚度进行检验，结果发现煤层厚度预测误差大大降低，精度得到明显提高。这种煤层厚度预测方法特别适合在开展过三维地震勘探的煤矿使用。

2010 年，周金应等[81]介绍了多点地质统计学的基本原理和方法，并应用该技术首次对南海西部珠江口盆地某区块新近系珠江组一段滨海相储层进行了多点地质随机模拟。结果表明，该方法比传统的随机建模方法更能再现储层空间结构特征，更具有优越性。最后，讨论了多点地质统计学方法目前仍存在的训练图像的建立及平稳性问题以及目标体连续性问题。

2010 年，刘颖等 [82] 针对多点地质统计学的特点，从多点地质统计学随机建模方法入手，深入分析了多点地质统计学与传统两点地质统计学的区别、优势、方法论和建模流程等内容，并在理论分析的基础上给出典型的应用实例。以北海 Oseberg 油田为例，认为多点地质统计学方法综合了基于象元的方法易忠实于条件数据和基于目标的方法易再现目标几何形态的优点，同时克服了传统的基于变差函数的两点地质统计学不能表达复杂空间结构和再现目标几何形态的不足，具有明显的优越性。

2010 年，乔勇等 [83] 通过对曲流河点坝砂体的细致研究及各种模拟方法的比较，决定采用布尔模拟方法使其模拟效果更好。布尔模拟方法是一种简单的基于目标的随机建模方法。在布尔模拟方法的基础上对其进行了改进，通过改变模拟砂体宽厚比、中心点位置等，使模拟砂体更符合真实的地质体形态，更能够模拟曲流河侧向迁移的过程，进而模拟泥岩侧积层的分布。

2011 年，尹艳树等 [84] 在简要回顾多点地质统计学起源后，介绍了多点地质统计学的 3 种方法，并总结了多点地质统计学的研究进展。在应用领域，已经从河流相建模发展到扇环境建模，从储集层结构建模发展到储集层物性分布模拟，从宏观地质体预测发展到微观孔喉分布建模，从地质研究发展到地质统计反演。

2011 年，尹艳树 [85] 根据河流储层层次性，采用层次建模方法，分别对高弯度曲流河储层和辫状河储层进行层次识别和预测；在高弯度曲流河内，逐层次建立起高弯度曲流河河道、河道内部点坝以及点坝内部侧积层分布；在辫状河储层内，逐层次建立辫状河道、心滩、落淤层等分布，形成高精度的三维储层建筑结构模型。

2011 年，尹艳树等 [86] 根据曲流河储层系统的层次性，以层次建模为指导，首先建立了曲流河的分布模型，随后提取每一条曲流河中线，计算不同位置处曲流河曲率，根据曲流河中线曲率大小，确定点坝位置。在点坝约束下，随机抽样确定侧积层的个数、侧积层水平间距、单个侧积层的倾角以及延伸距离，侧积层的倾向则严格指向废弃河道。

2011 年，刘太勋等[87]根据多级界面联合约束的确定性建模方法，应用钻井、地质、测井及生产动态数据，对大港油田某断块曲流河储层进行构型建模研究。首先在沉积微相模型的基础上利用点坝内部构型解剖结果，采用多级界面联合约束、界面间设定构型单元的方法建立储层结构模型，然后结合井点数据分析建立构型约束下的储层参数模型。

2011 年，韩继超等[88]通过多点地质统计学方法，以苏里格气田苏 49-01 区块盒 8 段 – 山 1 段为实例，综合地质特征分析，结合野外露头建立的训练图像集，在井点信息和沉积模式的双重约束下，模拟了多河道、低弯度曲流河与缓坡型辫状河复合叠置的河流相体系的沉积微相，并与基于目标体、基于象元等传统建模方法的模拟结果进行对比分析。结果表明，多点地质统计学模拟能够有效地克服传统地质统计学模拟的不足，再现河流相复杂的空间结构和几何形态。

2011 年，石书缘等[89]在分析国内外建模方法现状及其特点的基础上，提出了一种用于河流相储层模拟的新方法，即基于随机游走过程的多点地质统计学方法（RMPS）。首先，提出了 7 个方向迁移概率计算及 4 个方向河道源头搜索的随机游走过程的改进，实现了高曲率回旋河道和网状河等模拟以及各种类型河流相的主流线预测。其次，在预测河道主流线的基础上，利用它对多点地质统计学的数据事件选择性进行约束，从而提高了数据事件选择的合理性，可以获得更加准确的河道地质模型。

2011 年，刘西雷[90]以孤岛中二中 Ng5 水驱转热采试验区为例，对曲流河储层进行三维精细地质建模。采用确定性随机性（DS）相结合的两步法相控建模技术，充分利用井资料等确定性信息进行相控的随机模拟井间物性参数的空间展布规律，并通过地质类比、抽稀井以及数值模拟等方式对地质模型成果进行检验，进而提高筛选的随机模型的准确性和合理性，为井位优化、现场跟踪和开发中后期的开发方式的转变提供地质基础。

2012 年，丁辉[91]系统分析了河流相基于沉积过程方法的原理，包含河流相储层构型要素的几何形态参数、河道中线操作、参数说明及井数据的条件化等。该程序采用的是在水平和垂向移动复合河道网来满足井信息，对于稀疏井点，可以较容易地满足条件化，但对密集井网无法满足。

2012 年，范峥等[92]针对曲流河点坝厚砂体内储层非均质性表征，提出一种点坝内部构型的嵌入式建模方法。该方法以点坝级次三维模型及点坝内部构型分析结果为基础，依次通过基于三维向量场的侧积面模式拟合、侧积面趋势控制的侧积层厚度插值以及网格局部加密的侧积层模型嵌入 3 个主要技术环节，形成一套完整的嵌入式构型建模技术流程及算法实现。

2012 年，尹艳树等[93]以大庆曲流河储层为例，选择指示克里金方法、序贯指示建模方法及多点地质统计学方法进行曲流河储层建模的比较研究。

2012 年，邹拓等[94]以港东油田一区一断块为例，通过分析岩心、测井、动态等资料，对单砂体进行超精细研究，深度解剖点坝内部构型。在此基础上，建立超精细点坝内部构型地质模型，采取层次模拟、试验筛选、分级预测交互方式，利用多点统计法最终确定 2 m × 2 m × 0.5 m 的超精细模型，通过验证符合点坝内部构型规律，为点坝内部构型建模提供了一种可靠的借鉴方法。

2012 年，刘彦锋等[95]鉴于两点地质统计学在沉积相建模中存在不能模拟多种微相空间接触关系的缺点，尝试用多点地质学建立苏 49–01 区块辫状河沉积微相模型。结合地震属性、露头观察、相似沉积环境密井网区地质认识和相关文献等资料分析了辫状河各微相的地质要素和空间接触关系，建立了研究区石盒子组盒 8 下段辫状河三维训练图像。

2012 年，刘占族等[96]讨论了在常规波阻抗反演基础上，应用地质统计学反演提高反演的纵向分辨率。以中国 E 盆地三维地震数据预测煤层气薄储层为例，在稀疏脉冲波阻抗反演的基础上求取水平变差函数，利用随机模拟得到井间波阻抗，通过反复迭代取得与地震数据相匹配的地质统计学反演结果。反演结果与测井数据吻合度高，能精细描述煤层气薄储层的空间分布形态及其他特征。

2012 年，段冬平等[97]通过鄱阳湖三角洲现代沉积的研究确立水下分流河道与河口坝微相的平面形态和结构特征，结合永安镇油田密井网区资料统计的两种微相宽度建立定量的训练图像。利用多点地质统计学 SNEISIM 算法进行三角洲前缘的微相模拟。模拟结果具有忠实于井点数据、不同微相平面形态与发育规模受训练图像定量约束的特点，能够再现三角洲前缘水下分流河道与河口坝的几何特征与空间结构。利用该方法可以建立反映现代沉积特征与地下实际情况的沉积微相模型。

2012 年，王家华等[98]论述了多点地质统计学建模的原理及步骤。结合实际案例，进行了多点地质统计学模拟与基于变异函数的两点地质统计学模拟，并将模拟结果进行分析对比。

2012 年，石书缘等 [99] 从算法研究、训练图像处理和实际应用三个方面详细分析了国内外多点地质统计学的发展历程，在此基础上，分析了多点地质统计学主流的几种算法的核心原理、适用范围及优缺点，以此来对储层建模的发展趋势做出展望。重点分析了多点地质统计学的发展趋势：合理处理训练图像；合理利用软信息；选择合适的相似性方法；选择合适的标准化方法；合理利用平稳性；算法间的耦合；选择合适的过滤器；拓展缝洞型碳酸盐岩模拟。最后，提出多点地质统计学在储层建模方面，应从增加储层的模拟区域、提高模拟精度、扩大储层相的模拟范围和提高计算机模拟效率等方面进行改进。

2012 年，王家华等 [100] 介绍了多点地质统计学随机建模方法以及训练图像在多点地质统计学中的重要性，并通过对模拟结果的分析，展示了多点地质统计学在储层随机建模中的应用现状和前景。

2012 年，潘少伟等 [101] 以江苏油田庄 2 断块阜一段 $E_1f_1^{2-1}$ 小层为例，利用多点地质统计方法进行岩相建模研究。首先依据 $E_1f_1^{2-1}$ 小层的河道发育形态及砂体分布特征，利用不同的方法建立了 3 种训练图像。然后在这 3 种训练图像的控制下，模拟实现了 $E_1f_1^{2-1}$ 小层的岩相模型。结合钻井、测井信息综合分析后发现：依据沉积微相图所建的第 2 种训练图像控制下产生的岩相模型与已有的地质认识较为吻合。

2012 年，陈培元等 [102] 以 ×× 油田曲流河沉积为例，采用两点和多点统计学方法构建模型。对比发现，基于多点地质统计学的地质建模方法真实可再现河流相的沉积形态，还降低随机建模的不确定性。尽管模拟结果与井点真实数据之间存在误差，但通过调整随搜索半径、训练图像大小及概率计算中临近点个数限制，可显著提高模型精度。

2012 年，刘学利等 [103] 在缝洞单元研究的基础上提出了岩溶相的概念，进行了单井岩溶相划分，通过训练图像建立了溶洞相模式，采用多点统计学方法模拟了溶洞相分布，以岩相分布模型作为约束，利用序贯算法实现了溶洞相孔隙定量建模，为此类油藏的储层建模和剩余油研究提供了有效手段。

2013 年，乔辉等 [104] 通过比较两种改进的多点地质统计学方法，即基于储层骨架的多点地质统计学建模方法和基于随机游走过程的多点地质统计学建模方法，明确了两种方法的优缺点及适用范围。研究结果表明，两种方法的共同点体现为都是利用基于目标方法生成河道主流线，进而利用河道主流线数据约束多点数据事件进行模拟。

2013 年，李宁[105] 介绍了以模拟退火算法为代表的谱反演方法，该方法在频率域建立目标函数，利用改进的快速模拟退火算法（VFSA）求解反射系数，模型的试算结果证明了谱反演能够有效识别薄层。

2013 年，杨勇等[106] 针对岩性气藏复杂地质特征导致的气藏描述和预测中的不确定性，在对比评价随机建模理论与方法适应性的基础上，提出以多点地质统计学为核心的"井 – 震 – 沉积模式"岩性气藏随机建模方法，即以先验地质认识为基础，充分利用井点"硬数据"、三维地震数据及现代河流沉积模式等多域信息，以多点地质统计学的训练图像代替经典地质统计学的变差函数，综合运用各种信息，形成了岩性气藏精细地质建模技术与方法。

2013 年，王家华等[107] 介绍了多点统计算法的基本原理及具体执行步骤，阐述了多重网格思想，并对多重网格数据及其对模拟结果的影响进行了研究。

2013 年，李宇鹏等[108] 提出了一种基于空间矢量的曲流河点坝砂体构型建模方法。传统基于目标的方法是在建模的初始阶段定义网格，而基于空间矢量的储层构型建模方法直接在研究区内投放空间矢量定义的构型要素。该方法借鉴了计算机图像学中矢量图形存储的思路，采用了基于实数集的点、线、面所限定的体来定义构型要素。由于在模拟阶段模型不定义网格，所以模型不受网格尺寸的限制，模型模拟结果可以刻画不同规模层次的构型要素。

2013 年，沈忠山等[109] 为了说明多点地质统计学建模方法的优势，以大庆油田某密井网地区的一个层位为例，分别利用多点地质统计学、序贯指示和指示性点过程 3 种建模方法，获得了相应的沉积相模型及相控下的物性参数模型。

2013 年，黄涛[110] 从大规模三维精细地质模拟的需要出发，重点研究了基于通用图形处理器（GPGPU）和计算统一设备架构上（CUDA）的多点地质统计领域的并行计算方法，包括应用于离散变量和连续变量的并行随机模拟方法及地质统计模型的并行计算方法。

2014 年，邹拓等[111] 以港东油田二区五先导试验块为例，综合运用测井、岩心、密井网和水平井等资料，对点坝内部构型进行解剖，定量认识试验区侧积层厚度为 0.2 ~ 0.3 m，倾角 3.5°，侧积体规模、期次、大小不一。分级次嵌套式二次加密建立构型级别精细三维地质模型，并开展了精细油藏数值模拟研究，同时结合测井、岩心、分析化验等资料，认为剩余油主要分布在砂体顶部和侧积层附近。

2014 年，冯文杰等[112] 在 SNESIM 算法的基础上，提出基于地质矢量信息的多点地质统计学算法（VMPS）。以冲积扇为例，研究冲积扇地质矢量坐标系统，并在训练图像中融入地质矢量信息，形成基于矢量信息的训练图像。

2014 年，尹艳树等[113] 提出了一种基于沉积模式的多点地质统计学方法，通过距离函数将储层特征与沉积位置相关联，采用整体替换、结构化随机路径以及多重网格策略再现沉积模式。基于现代鄱阳湖沉积所建立的合成非平稳性三角洲前缘沉积地层建模表明，新设计的方法较传统的建模方法更好地反映了三角洲相沉积地层非平稳沉积模式，新设计方法有更好的地质适用性。

2014 年，刘卫等[114] 基于 Petrel 软件和界面约束法，提出了曲流河点坝内部构型建模方法，该方法以点坝内部构型模式和构型解剖研究成果为基础，生成以曲面分布的侧积层顶、底界面，再通过多级界面联合约束方法在点坝内部建立起储层结构模型，实现点坝内部构型的精细表征。

2014 年，孙玉波[115] 利用卫星遥感资料，统计了南美现代曲流河、北美洲阿拉斯加和非洲刚果的辫状河沉积单元几何参数。采用数理统计和回归的方法，确定了现代曲流河的满岸宽度、河谷宽度、最大振幅、下切深度、点坝宽度及点坝面积等参数之间的关系。

2014 年，付斌等[116] 针对苏里格气田致密砂岩气藏非均质性强、沉积微相规律性差、地质建模难度大的问题，参考其他随机性地质建模方法，优选多点地质统计学地质建模，综合基于目标和基于象元的优势，提出了井 – 震 – 地质统计学规律的综合一体化随机性地质建模思路。

2014 年，陈涛[117] 以委内瑞拉奥里诺科重油带 MPE3 区块超重油油藏为对象，进行了储层多点地质统计学建模方法的研究。综合利用地质、测井和地震等多种数据，建立了 MPE3 区块沉积微相三维地质模型并进行模型的检验与优选。在此基础上，综合考虑沉积微相对储层参数分布的控制作用，建立了储层物性参数模型，为油藏工程数值模拟提供了输入准备。最终形成了具有辫状河储层特征的委内瑞拉 MPE3 区块超重油油藏的多点地质统计学建模技术，为区块下一步的开发调整以及类似重油油藏区块的开发提供了理论指导和技术支持。

2014 年，张艳[118] 主要对多点地质统计学影响因素进行分析，优选模式得到最优化模拟结果，并应用马尔科夫链模型对其进行定量的空间数据结构评价。多点地质统计建模影响因素较多，模拟效果较难控制。其中，模式的选取对模拟效果的好坏至关重要，多点模拟过程中如何选取模式使模拟结果与实际地质相符的问题需要解决。该论文通过对模式大小、模式形态和多级网格三个因素的实验分析，研究其对多点模拟效果的影响。模式大小根据工区面积而定，模式过小时，模拟随机性强，几乎不能描述区域地质情况，模式过大时，对细节描述较差；模式形态体现图像的空间变异性，改变其参数可改变不同方向上的连续性和变化性；网格大小与工区大小有关，网格过小时，模拟效果分散，网格过大时，计算速度较慢且对模拟效果改善不明显。通过对不同模式组合的模拟效果的对比分析，优选出最优模式组合。

2015 年，耿丽慧等[119]在详细剖析多点地质统计学算法模拟原理的基础上，以几类不同特征的沉积相建模为例，将 DS-MPS 算法与传统的 SNESIM 模拟算法比较。结果表明，DS-MPS 算法在目标体的连续性方面有较大的改进，在相类型多于两类时有较大的优势。

2015 年，吴小军等[120]介绍了多点地质统计学方法的基本原理，并在克拉玛依油田某区块下克拉玛依组冲积扇扇中亚相的构型建模中加以应用，最终建立的三维构型模型较好地展现了平面上和垂向上的分布形态及各构型间的接触关系。

2015 年，刘跃杰等[121]针对多点地质统计学算法在三维区块模拟中获取合适的训练图像较为困难的问题，尝试用多点地质统计学方法建立了马岭油田长 8_2^1 小层的三维岩石相模型。

2015 年，韩东等[122]采用一种基于马蒙算法的地质统计学反演方法实现了缝洞储集体的定量预测并做出不确定性评价。该方法提供了一种地震数据主导的缝洞储集体定量预测手段，能够较好地解决溶洞储集体纵向深度归位、地震预测成果不确定评价问题，对于该类油藏的地质建模表征具有指导意义。

2015 年，罗红梅等[123]介绍了多点地质统计学的基本概念和方法，然后提出了一种多数据联合约束的多点地质统计学随机模拟方法，并通过模型验证了该方法的特点和有效性，最后以该方法为基础，联合训练图像、测井数据和地震反演数据，实现了多数据约束下的东营凹陷沙三段地层中三角洲浊积岩沉积区的岩相模拟，取得了较好的应用效果。

2015 年，向传刚[124]针对传统地质统计学难以定量描述空间变量的问题，运用多点地质统计学方法，分别以 40 m，80 m，120 m，160 m，200 m 制作训练图像，对某密井网区水下分流河道相进行了随机模拟，并对基础井网设置虚拟更新井，分不同方向统计虚拟对子井钻遇河道的概率，然后与实际对子井钻遇情况进行对比分析。

2015 年，刘超等[125]针对渤南油田五六区沙三段 4 砂组 2 小层（$Es_3 4^2$）储层砂体形态弯曲、分叉以及砂体规模与展布变化大的特点，利用多点地质统计学建模法对研究层位进行沉积微相模拟。在该区密集井网区精细地层研究的基础上，统计扇三角洲前缘水下分流河道与河口坝砂体长、宽定量数据，结合储层地质知识库的研究，确立不同微相的平面形态与空间组合特征，依此建立定量训练图像。

2016 年，吴涛等[126]综合地震、测井、录井及生产资料，绘制了长庆油田苏里格气田苏 48 区块盒 8 下段辫状河训练图像，并在此基础上利用多点地质统计学方法，加入三维地震资料作为约束，以水平井整体开发为研究对象，建立了该区的地质模型，优化了水平井整体部署，指导水平井导向。

2016 年，刘可可等[127]首次将多点地质统计学应用于点坝内部三维建模。基于 60 m 超小井距资料，统计点坝内部夹层发育特征，利用统计结果人机交互绘制训练图像，定量表征了夹层的厚度、倾角、频率、密度及水平间距等信息。选取典型点坝，将单井解释夹层沿着夹层面垂直投影至点坝顶面，结合点坝沉积样式，获取建模过程中旋转数据体，以此来表征夹层走向信息。利用多点地质统计学 SNESIM 算法进行点坝内部侧积夹层三维建模，与序贯指示模拟方法在同一点坝和旋转数据体基础上建立的点坝内部三维构型模型进行对比分析。研究结果表明，序贯指示模拟方法建立的点坝内部三维构型模型虽然能够在一定程度上表征点坝内部夹层特征，但在表征夹层的连续性方面效果不佳，并且由于缺少训练图像的约束，只能定性展示夹层发育情况，无法达到定量刻画的程度。而利用多点地质统计学方法建立的模型，点坝内部夹层受控于训练图像及旋转数据体的双重约束，能够定量再现夹层的发育规模和产状，精确表征点坝内部夹层的几何形态与空间结构。

2016 年，韩东等[128]采用一种基于马蒙算法的地质统计学反演方法，结合地质、测井先验信息，获得表征缝洞储集体类型及反映物性参数的纵波阻抗数据。再通过寻找波阻抗与储集体孔隙度之间的统计关系，利用一种"云变换"手段，模拟得到缝洞储集体等效孔隙度数据体，以此从物性角度定量评价缝洞储集体的空间非均质性。与常规方法对比，该方法的评价结果与井点解释物性有较高的吻合程度，井间趋势上更加尊重地震响应特征，是一种地震数据主控的储集体物性评价方法。

2016 年，于明乐[129]在多点与两点地质统计学对比分析基础上，介绍了多点地质统计学的基本原理及 Sensim 算法，并对多级网格、搜索半径及搜索角度等影响因素进行了敏感性分析，对不同参数组合进行了模拟效果分析，得到最优组合。通过敏感性分析发现，网格大小与工区大小有关，当网格过小时，模拟效果分散，模式过大时，对模拟效果的改善不明显；最大条件数据的选择关系到模拟结果是否合理。

2016 年，马志武[130]基于目标随机模拟方法建立鄂尔多斯盆地川口西南区长 6 层沉积模式，将该沉积模式作为训练图像，利用多点地质统计随机模拟方法建立该区的沉积微相三维地质模型，并将其与序贯指示模拟建立的沉积微相模型进行对比分析。结果表明：序贯指示模拟得到的沉积微相平面分布连续性差，各沉积微相零星分布；多点地质统计模拟能够稳定呈现沉积微相间的平面分布特征及空间叠置关系，该方法建立的模型更加符合地质沉积模式。

2017 年，孙红霞等[131]分析了等效加密正交网格模型与侧积层约束下的倾斜网格模型的优缺点后，确定了点坝砂体侧积层建模的技术关键，有针对性地提出了构造界面约束下的点坝砂体侧积层构型网格模型构建方法，在孤东油田七区西 $Ng5^{2+3}$ 层系构型解剖成果和井网形式的基础上，提出了非均质构型属性模型构建方法，建立了 $Ng5^{2+3}$ 层系点坝砂体构型模型。

2017 年，文子桃等[132]在介绍多点模拟算法（SNESIM）实现流程的基础上，对 SNESIM 算法中重要的输入参数进行了敏感性分析，结果表明：目标比率越接近训练图像的边缘相概率，模拟效果越好；目标比率一定时，提高伺服参数可使模拟相的比率更接近目标体，但以损失相结构信息为代价；搜索邻域的设计、网格级数的选择取决于训练图像的大小以及需重现的结构信息；此外，在一个较小的数据事件重复数下，随着最大条件数据的增加，其结构信息的再现效果越好，所需机时则呈线性增加。参数设置对多点地质建模中模拟效果的好坏至关重要。

2018 年，杨培杰[133]在对现有多点随机模拟算法进行改进的基础上，提出了一种新的多点随机模拟方法，应用模板从训练图像中拾取模式，通过聚类方法对所有的模式进行聚类分析，并得到每个类的中心，将待模拟数据与这些类的中心进行匹配对比，获取与待模拟数据最接近的类中心向量，该类中心的中点值就是待模拟数据点处的条件概率密度，并根据该条件概率密度进行多点随机模拟。

2018 年，孙月成[134]简要介绍了基于 Bayesian–MCMC 算法的地质统计学反演的方法原理和实现流程，随后通过实例展示了该技术在三维地质建模和油藏数值模拟中的应用效果。

借鉴这些学者的研究成果，根据曲流河的特点，将带状不规则曲流河边界进行离散，形成封闭的多边形区域。根据 Schwarz Christoffel 变换的基本思想及带状曲流河形状与矩形区域形状的相似关系，将曲流河边界沿着河流的流向、曲流河中的井位等相关参数映射到规则矩形区域，进行地质模型的建立与分析。经过映射之后，规则区域中河流的流向与矩形边界平行或垂直，因此对映射后的矩形区域油藏而言，储层物性沿着河道的分布方向基本统一。应用常规的地质统计学方法进行矩形区域油藏物性参数的预测时，就可以减小实际曲流河中因河流改向而造成物性分布方向多样性的影响。根据 Schwarz Christoffel 变换原理可知，该映射方法是可逆的，并且遵循保形映射，因此可以将矩形区域油藏模拟的基本参数按照点位的对应关系还原到实际的油藏区域。

第2章 目前常用地质建模的技术与方法

2.1 变差函数介绍

2.1.1 变差函数理论

1.变差函数的定义

假设空间点 x 只在一维 x 轴上变化,把区域变量 $Z(x)$ 在 x、$x+h$ 两点处的值之差的方差之半定义为区域变量 $Z(x)$ 在 x 方向上的变差行数,记为 $\gamma(x,h)$,即

$$\gamma(x,h) = \frac{1}{2}\text{Var}\big[Z(x) - Z(x+h)\big] \tag{1}$$

变差函数 $\gamma(x,h)$ 只与 x 和 h 两个变量有关,在二阶平稳假设条件下有 $E\big[Z(x)\big] = E\big[Z(x+h)\big]$,则式(1)可写为

$$\gamma(x,h) = \frac{1}{2}E\big[Z(x) - Z(x+h)\big]^2 \tag{2}$$

在本征假设条件下,$\gamma(x,h)$ 仅与分割的距离 h 和数据点的方向 α 有关,而与数据位置 x 无关,因此变差函数可以定义为在任意方向 α 上相距 h 的两个区域变量 $Z(x)$ 和 $Z(x+h)$ 的增量的方差。

对离散的数据点而言,变差函数可写为

$$\gamma(\alpha,h) = \frac{1}{2N(h)}\sum_{i=1}^{N(h)}\big[z(x) - z(x+h)\big]^2 \tag{3}$$

其中,α 为数据点的方向(rad);h 为变程(m);$N(h)$ 为变程 h 内数据点的个数(个)。

2. 变差函数的作用

变差函数在地质建模中之所以占有非常重要的地位，不仅因为它是许多地质统计学计算的基础，如估计方差、离散方差和正则化变量的变差函数，更重要的是因为它能反映区域化变量的许多重要性质。

（1）通过"变程"a反映变量的影响范围通常变差函数在 0～h（变程）范围内是从原点开始，随h的增大而增加。但当$h \geqslant a$时，变差函数$\gamma(\alpha, h)$就不再单调增加了，而是稳定在一个极限值$\gamma(\alpha, \infty)$附近，这种现象称为"跃迁现象"。此处$\gamma(\alpha, \infty)$称为"基台值"，这表示基台值等于$Z(x)$的验前方差。当然，如果在二阶平稳假设不满足的情况下，这个关系式就不一定成立，也就是说，基台值和验前方差不一定相等。

凡具有一个变程a和一个基台值的变差函数都称为可迁型。在这种可迁型的现象中，落在以x为中心、以a为半径的邻域内的任何数据都与$Z(x)$空间相关。或者说在以a为直径的邻域内，任何两点的数据都是空间相关的，其相关程度一般随两点间的距离增大而降低。当两点间的距离大于a时，$Z(x)$与$Z(x+h)$就不存在空间相关了，或者说两者的相互影响就没有了。因此，变程a能够很好地反映变量的影响范围。

（2）变差函数在原点处的性状反映了变量的空间连续性。按变差函数在原点处的性状可分为以下几种主要类型，每种类型反映了变量在空间的不同连续程度。

连续性：当$h \rightarrow 0$时，$\gamma(\alpha, h) \rightarrow 0$，即变差函数曲线在原点处趋向于一条抛物线，这反映区域化变量是有高度连续性的，如图 1 中（a）图所示。

线性型：当$h \rightarrow 0$时，变差函数曲线在原点处趋向于一条直线。它反映区域化变量有平均的连续性，如图 1 中（b）图所示。

间断型（块金效应型）：$\gamma(\alpha, h)$在原点处间断，即虽有$\gamma(\alpha, 0) = 0$，但是其极限值不为 0，变差函数在原点处的间断性叫作"块金效应"。它反映了变量的连续性很差，甚至平均的连续性也没有了，即使在很短的距离内，变量的差异也可能很大，如图 1 中（c）图所示。

随机型（纯块金效应型）：这种变差函数可以看成具有基台值和无穷小变程a的可迁型变差函数。无论变程多么小，$Z(x)$与$Z(x+h)$总是互不相关。它反映变量完全不存在空间相关的情况，如图 1 中（d）图所示。

有拱形：变差函数既有块金常数，又有基台值，当块金为 0 时，基台值就等于拱高，如图 1 中（e）图所示。

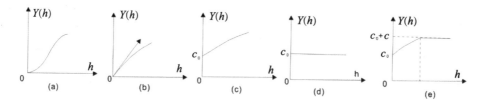

图 1　变差函数在原点的状态

（3）变差函数如果是跃迁型的，其基台值的大小可以反映区域化变量在该方向上变化幅度的大小。

（4）不同方向上的变差图可反映区域化变量的各向异性。通过绘制不同方向上的变差图 $\gamma(\alpha,h)$，可以确定区域化变量的各向异性（包括有无各向异性以及各向异性的类型等）。

3. 变差函数的模型

1）有基台值模型

球状模型（原点处为抛物线型）：

$$\gamma(\alpha,r)=\begin{cases}0 & r=0\\ C_0+C\left(\dfrac{3}{2}\times\dfrac{r}{a}-\dfrac{1}{2}\times\dfrac{r^3}{a^3}\right) & 0<r\leqslant a\\ C_0+C & r>a\end{cases} \qquad (4)$$

其中，C_0 为块金常数；C_0+C 为基台值；C 为拱高；a 为变程。变差函数形态如图 2 所示。

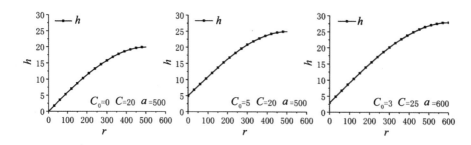

图 2　球状变差函数形态

指数函数模型（原点处为线性型）：

$$\gamma\left(\alpha,r\right)=C_0+C\left(1-\mathrm{e}^{-\frac{r}{a}}\right) \tag{5}$$

其中，C_0 为块金常数；C_0+C 为基台值；C 为拱高。此处 a 不是变程，因为当 $r=3a$ 时，有 $1-\mathrm{e}^{-\frac{r}{a}}\approx0.95\approx1$，所以一般认为变程为 $3a$，其变差函数形态如图 3 所示。

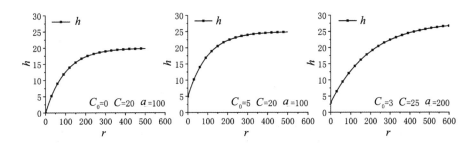

图 3　指数模型变差函数形态

高斯模型（原点处为抛物线型）：

$$\gamma\left(\alpha,r\right)=C_0+C\left(1-\mathrm{e}^{-\frac{r^2}{a^2}}\right) \tag{6}$$

其中，C_0 为块金常数；C_0+C 为基台值；C 为拱高。此处 a 不是变程，因为当 $r=\sqrt{3}a$ 时，有 $1-\mathrm{e}^{-\frac{r^2}{a^2}}\approx0.95\approx1$，所以一般认为变程为 $\sqrt{3}a$，其变差函数形态如图 4 所示。

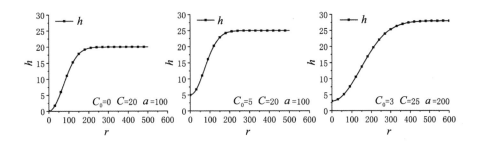

图 4　高斯模型变差函数形态

通过图 2 ～图 4 的分析可知：通过原点的切线与基台值线相交点的横坐标各不相同，球状模型为 $2/3a$，指数模型为 a，高斯模型无交点。因此，高斯模型在原点处的连续性最好。

2）无基台值模型

幂函数模型：

$$\gamma(\alpha,r) = r^{\theta} \ (0 < \theta < 2) \tag{7}$$

通常取 $\theta = 1$，即为线性模型，$\gamma(\alpha,r) = \omega r$，其中 ω 为常数，表示直线的斜率。不同 θ 取值的模型的曲线形态如图 5 所示。

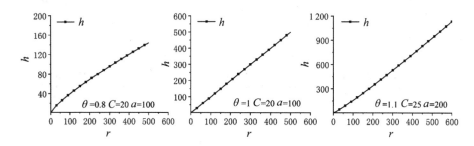

图 5　幂函数模型变差函数形态

对数函数模型：

$$\gamma(\alpha,r) = \log(r) \tag{8}$$

由于当 $r \to 0$ 时，$\log(r) \to -\infty$，这与变差函数的性质不合，因此对数函数模型不能用来描述点承载的区域化变量，但可以用来作为正则化变量的变差函数的模型。

纯块金效应模型：

$$\gamma(\alpha,r) = \begin{cases} 0 & r = 0 \\ C_0 > 0 & r > 0 \end{cases} \tag{9}$$

上式可以看作变程 a 为无穷小，拱高为 0，对于任何 $r > 0$，$\gamma(\alpha,r)$ 就能达到块金值。这种模型只有对纯随机变量才适用。

空穴效应模型：

$$\gamma(\alpha,r) = C_0 + C\left(1 - e^{-\frac{r}{a}} \times \cos\left(2\pi\frac{r}{b}\right)\right) \tag{10}$$

不同参数 a 与 b 取值的空穴效应模型的曲线形态如图 6 所示。

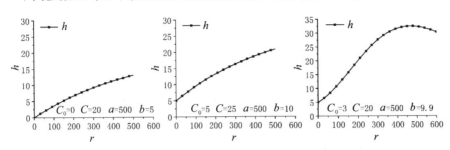

图 6　空穴效应模型变差函数形态

2.1.2　变差函数结构分析

由于储层的非均质性可以用变程函数来描述，而这种变异性往往是由多种原因引起的，往往包含各种尺度上的多层次的变化性，例如，由岩心的采取、样品的制备以及实验分析等过程产生的误差，岩石成分的变化，储层隔夹层的影响，岩性变化，岩层的尖灭，构造运动岩浆活动造成岩性分布的差异，等等。

由不同原因引起的变异性，其变化尺度的大小亦不相同。第一种变异是点承载一级的结构；第二种变异在几厘米范围之内；第三种变异通常发生在米至百米的尺度间；第四种变异以千米计算，即为若干千米一级的结构。因此，不难看出，大尺度的变异总是包含小尺度的变异。但我们不能从大尺度的变化性中区分出小尺度的变化性。实际上，所有这些结构都是同时起作用的，只是出现在不同的距离上而已。把这种多层结构叠加在一起的变化结构称为"套合结构"。

可以用反映各种不同尺度的变化性的多个变差函数之和来表示一个套合结构，即套合结构 $\gamma(r)$ 为

$$\gamma(r) = \gamma_0(r) + \gamma_1(r) + \gamma_2(r) + \gamma_3(r) + \cdots + \gamma_n(r) + \cdots \qquad (11)$$

其中，$\gamma_i(r)$ 为每个成分，可以是不同模型的变差函数，如式（4）～式（10）。

例如，$\gamma_0(r)$ 可以代表围观变化结构的球状模型，由于它的尺度很小，可以看作纯块金效应。而 $\gamma_1(r)$ 可以是另一个球状模型，块金为 0，基台值为 C_1，变程为 a_1。$\gamma_2(r)$ 又是另一个球状模型，没有块金，基台值为 C_2。上述这三个变差函数模型可用式（12）～式（14）表示：

$$\gamma_0(r) = \begin{cases} 0 & r = 0 \\ C_0 > 0 & r > 0 \end{cases} \tag{12}$$

$$\gamma_1(r) = \begin{cases} C_1\left(\dfrac{3}{2} \times \dfrac{r}{a_1} - \dfrac{1}{2} \times \dfrac{r^3}{a_1^{\,3}}\right) & 0 \leqslant r \leqslant a_1 \\ C_1 & r > a_1 \end{cases} \tag{13}$$

$$\gamma_2(r) = \begin{cases} C_2\left(\dfrac{3}{2} \times \dfrac{r}{a_2} - \dfrac{1}{2} \times \dfrac{r^3}{a_2^{\,3}}\right) & 0 \leqslant r \leqslant a_2 \\ C_2 & r > a_2 \end{cases} \tag{14}$$

上述三个变化函数可以根据式（11）套合表达为

$$\gamma(r) = \gamma_0(r) + \gamma_1(r) + \gamma_2(r)$$

$$= \begin{cases} 0 & r = 0 \\ C_0 + \dfrac{3}{2}\left(\dfrac{C_1}{a_1} + \dfrac{C_2}{a_2}\right)r - \dfrac{1}{2}\left(\dfrac{C_1}{a_1^{\,3}} + \dfrac{C_2}{a_2^{\,3}}\right)r^3 & 0 < r \leqslant a_1 \\ C_0 + C_1 + C_2\left(\dfrac{3}{2} \times \dfrac{r}{a_2} - \dfrac{1}{2} \times \dfrac{r^3}{a_2^{\,3}}\right) & a_1 < r \leqslant a_2 \\ C_0 + C_1 + C_2 & r > a_2 \end{cases} \tag{15}$$

2.1.3 变差函数的计算方法

由于地质建模中的数据属于离散数据，这里只讨论离散数据变差函数的计算方法。变量在空间随着位置的变化而变化的性质称为一个空间变量的空间变异性。为了计算实验变差函数值，必须考察任意两点之间的距离与这两个量之间变化量的关系，需要引入点对的概念：点对由两个点组成，一个称为头，另一个称为尾，由尾向头形成的一个向量的方向代表了这个点对的方向，这两个点之间的距离称为这个点对的距离。

已知观测数据点的集合为 $\{p(x_i, y_i, z_i), i = 1, 2, \cdots, N\}$，为了计算某个方向上的实验变差函数，通常需要计算该方向上若干不同距离的实验变差函数值。此时选取 xlag 为计算实验变差函数的基本距离，称之为滞后距。分别计算 xlag，2xlag，3xlag，$\cdots$，mxlag 距离的实验变差函数值，这样就可得到 m 个实验变差函数点，m 称为滞后距个数。实际工程应用过程中，不可能精确地在某个方向上获取足够的点数来进行计算，或在某个步长上获得足够的点对数目来计算实验变差函数值，此时，要给定一个容许的方向范围，称之为角度容差，只要点对方向不超出该容差，就认为该点对可以参与到计算中来。同时，可以给每个步长一个容许范围，称之为步长容差，只要点对距离落入该容差内，就认为该点对可以参与到计算中来。随着步长的增加，虽然有时点对符合方向容限和步长容限，但是偏差将会增大，因此需要用偏离主方向线的一个固定宽度来限制，使超出该范围的点对不参与运算，这个固定的宽度称为带宽。各参数的含义如图 7 所示。

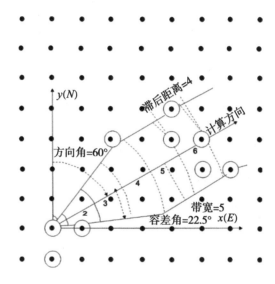

图 7　离散数据变差函数计算各个参数意义

图 7 是平面变差函数各个参数的具体意义：方向角，从正北方向依顺时针方向到计算变差函数方向之间的水平夹角；容差角，在进行变差函数计算时，允许偏离计算方向一定角度的数据点参与计算，即为容差角，在计算过程中需要注意的是计算方向的两边都有一个角度容差（若容差角为 22.5°，则以计算方向为中心，点对的搜索角度为 45°）；滞后距，即点对头和尾的距离，需要注意的是第一个滞后距只有半个滞后距大小；带宽，为了保证搜索数据的方向性，设定了一个限制条件，偏离主方向线的一个固定宽度，即带宽。

在计算变差函数时，从第一个点开始，比较每个落在滞后距、容差角和带宽内的节点的值，计算出变差函数值。计算变差函数值时，由于数据分布的不均匀性，为了保证有足够的数据参与计算，一般将某一范围内的点对都当成同一个滞后距进行计算（见图 8）。

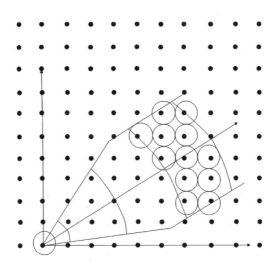

图 8　离散数据变差函数计算点对的寻找策略

2.1.4　变差函数的拟合方法

由于地层模型网格拟合的需要，需要知道任意滞后距和方位角上的变差函数值，而不仅仅计算实验变差函数用到的这些滞后距和方位角；计算变差函数的时候要融合一些附加的地质信息（如地质类比的信息和连续性方向信息等）；变差函数的理论模型必须是正定的，即任何线性组合的方差必须是非负数。因此，需要对实验变差函数计算的数据进行拟合。

在拟合变差函数时，首先要选择恰当的模型，具体的做法是根据离散实验变差函数数据的分布情况选择拟合效果好的模型，如有基台值模型中的球状模型、指数函数模型和高斯模型，无基台值模型中的幂函数模型、对数函数模型、纯块金效应模型和空穴效应模型。常用的地质建模的有球状模型、指数模型和高斯模型。其拟合的方法下面逐一进行介绍。

1. 球状模型的拟合

对于球状模型的拟合，可以采用加权回归多项式的方法来进行拟合，对于球状模型式（4），当 $0 < r \leqslant a$ 时，对式（4）进行整理可得：

$$\gamma(r) = C_0 + \frac{3C}{2a}r + \frac{-C}{2a^3}r^3 \qquad （16）$$

令 $\gamma(r) = y$，$r = x_1$，$r^3 = x_2$，$C_0 = b_0$，$\dfrac{3C}{2a} = b_1$，$\dfrac{-C}{2a^3} = b_2$，则式（16）可写为

$$y = b_0 + b_1 x_1 + b_2 x_2 \qquad (17)$$

这样，变差函数的拟合就转化为二元线性回归模型了，求解方法可按照最小二乘法进行。假设有 N 个实验数据变差函数值，具体求解方法如下。将 N 个实验数据变差函数值代入式（17）可得：

$$\begin{cases} y_1 = b_0 + b_1 x_{11} + b_2 x_{21} \\ y_2 = b_0 + b_1 x_{12} + b_2 x_{22} \\ \cdots \quad \cdots \quad \cdots \quad \cdots \\ y_1 = b_0 + b_1 x_{1N-1} + b_2 x_{2N-1} \\ y_1 = b_0 + b_1 x_{1N} + b_2 x_{2N} \end{cases} \qquad (18)$$

将式（18）写成矩阵的形式，令：

$$\boldsymbol{Y} = \begin{bmatrix} y_1 \\ y_2 \\ \cdots \\ y_{N-1} \\ y_N \end{bmatrix} \quad \boldsymbol{X} = \begin{bmatrix} b_0 \\ b_1 \\ b_2 \end{bmatrix} \quad \boldsymbol{A} = \begin{bmatrix} 1 & x_{11} & x_{21} \\ 1 & x_{12} & x_{22} \\ \cdots & \cdots & \cdots \\ 1 & x_{1N-1} & x_{2N-1} \\ 1 & x_{1N} & x_{2N} \end{bmatrix}$$

则未知参数 b_0，b_1 和 b_2 可由如下矩阵表示：

$$\boldsymbol{X} = \boldsymbol{A}^{\mathrm{T}} \boldsymbol{A} \boldsymbol{Y} \qquad (19)$$

计算出 b_0，b_1 和 b_2 分三种情况讨论：

（1）当 $b_0 \geq 0$，$b_1 > 0$，$b_2 < 0$ 时，可从关系式 $C_0 = b_0$，$\dfrac{3C}{2a} = b_1$，$\dfrac{-C}{2a^3} = b_2$ 中解出 C_0，C 和 a：

$$\begin{cases} C_0 = b_0 \\ a = \sqrt{-b_1 / (3b_2)} \\ C = 2/3 b_1 \sqrt{-b_1 / (3b_2)} \end{cases} \qquad (20)$$

（2）当 $b_0 \geq 0$，$b_1 > 0$，$b_2 > 0$ 时，则不能解出 C 和 a，此时可以增加或删除一些数据继续拟合，直到 $b_0 \geq 0$，$b_1 > 0$，$b_2 < 0$ 为止。

（3）当 $b_0 < 0$，$b_1 > 0$，$b_2 > 0$ 时，规定 $b_0 = 0$，则式（18）写成矩阵的形式同式（19），只是矩阵 $\boldsymbol{X}$ 和 $\boldsymbol{A}$ 的参数发生变化，$\boldsymbol{X}$ 和 $\boldsymbol{A}$ 变化后的形式如下：

$$X = \begin{bmatrix} b_1 \\ b_2 \end{bmatrix} \qquad A = \begin{bmatrix} x_{11} & x_{21} \\ x_{12} & x_{22} \\ \cdots & \cdots \\ x_{1N-1} & x_{2N-1} \\ x_{1N} & x_{2N} \end{bmatrix}$$

2. 指数模型的拟合

对指数模型式（5）进行整理可得：

$$\gamma(r) = C_0 + C - Ce^{-\frac{r}{a}} \tag{21}$$

通过分析式（21），对于参数求解 C_0，C 和 a 来说，属于非线性方程，采用前面的最小二乘法拟合不合理，为了求解参数，将采用最优化算法来进行拟合，具体方法后续介绍。

3. 高斯模型的拟合

对高斯模型式（6）进行整理可得：

$$\gamma(r) = C_0 + C - Ce^{-\frac{r^2}{a^2}} \tag{22}$$

4. 基于粒子群优化算法的指数模型和高斯模型的拟合方法

上述式（21）和式（22）可理解为寻求一组最优参数 C_0，C 和 a 对代入的实验变差函数值使式（21）和式（22）的误差平方和最小，可采用求解极值的最优算法粒子群来实现。粒子群算法演变的方法较多，这里只对普通粒子群（particle swarm optimization，PSO）、量子粒子群（quantum-behaved particle swarm optimization，QPSO）和带交叉算子量子粒子群（crossover-operator quantum particle swarm optimization，CQPSO）算法进行介绍。

1）普通粒子群（PSO）

在 PSO 算法[135-137] 中，群体内每个个体被称为 1 个粒子，表示待求解问题的一个潜在解。粒子 $i(i = 1, 2, \cdots, N)$ 可由两个向量表示，即速度向量 $\mathbf{v}_{i,t} = \begin{bmatrix} v_{i,t}^1 & v_{i,t}^2 & \cdots & v_{i,t}^D \end{bmatrix}$ 和位置向量 $\mathbf{X}_{i,t} = \begin{bmatrix} x_{i,t}^1 & x_{i,t}^2 & \cdots & x_{i,t}^D \end{bmatrix}$，其中 D 为待求解问题的维数，t 为当前的迭代次数。在每一次迭代计算中，令向量 $\mathbf{P}_{i,t} = \begin{bmatrix} p_{i,t}^1 & p_{i,t}^2 & \cdots & p_{i,t}^D \end{bmatrix}$ 为粒子 i 到目前搜索到的最优位置，向量 $\mathbf{P}_{g,t} = \begin{bmatrix} p_{g,t}^1 & p_{g,t}^2 & \cdots & p_{g,t}^D \end{bmatrix}$ 为整个群体搜索到的最优位置，但在 PSO 算法中，每一代粒子在进化过程中都以群体最优位置

$P_{g,t}$ 和个体历史最优位置 $P_{i,t}$ 加权平均位置为吸引点，这对寻求全局最优解很有利。对函数 $F(x, r_{De})$ 分析可知，该多峰函数极小值点全部为 0，若以群体最优位置 $P_{g,t}$ 和个体历史最优位置 $P_{i,t}$ 加权位置为吸引点，则只能求解到部分极值点，为了增加搜寻有限解空间解的概率，故将 PSO 算法中粒子 i 更新的速度与位置改变如下：

$$x_{i,t+1}^j = x_{i,t}^j + \omega v_{i,t}^j + c_1 r_1^j \left(p_{i,t}^j - x_{i,t}^j \right) \tag{23}$$

其中，ω 为惯性权重；c_1 为加速系数；r_1^j 为 $[0,1]$ 中满足均匀分布的随机数。通过式（23）可以看出，每个粒子都以自身历史最优位置为吸引点。

2）量子粒子群（QPSO）

基于对 PSO 算法中粒子运动轨迹的分析，QPSO 算法假定粒子群系统是一个满足量子力学基本假设的粒子系统[138]，粒子 i 在第 j 维上以粒子群体最优位置 $P_{g,t}$ 和个体历史最优位置 $P_{i,t}$ 加权位置为吸引点，所有粒子都在以吸引点为中心的 δ 势阱中运动，具有量子基本行为特征，则其状态可由波函数 ψ 描述。为了得到粒子的位置，需要将粒子状态由量子态塌缩到经典态，采用 Monte Carlo 随机模拟方法来测量粒子的位置，从而得到粒子的位置更新方程为

$$x_{i,t+1}^j = \beta_{i,t}^j p_{i,t}^j + \left(1 - \beta_{i,t}^j \right) p_{g,t}^j \pm a \left| c_t^j - x_{i,t}^j \right| \ln \left(-\frac{1}{u_{i,t}^j} \right) \tag{24}$$

其中，$\beta_{i,t}^j$，$u_{i,t}^j$ 为（0，1）中满足均匀分布的随机数；a 为收缩扩张系数；向量 $c_t = \left[c_t^1 \ c_t^2 \ \cdots c_t^D \right]$ 为平均最优位置，即所有粒子的个体历史最优位置的平均值。

3）带交叉算子量子粒子群（CQPSO）

在修正 QPSO 算法[138-139]中，每个粒子将个体历史最优位置 $P_{i,t}$ 与当前粒子位置 $X_{i,t}$ 的加权位置作为自身的吸引点。这种计算方法以粒子运动轨迹的分析结果[7]为指导，具有计算简单的优点，但也存在两个明显的问题：①每个粒子除了学习自身的经验外，只以个体的历史最优位置为引导，导致计算收敛速度慢，降低了算法求解计算效率；②根据式（7）得到的吸引点将限定在以个体历史最优位置 $P_{i,t}$ 和目前个体位置 $X_{i,t}$ 为对顶点的 D 维超矩形内，随着算法演化过程的进行，每个粒子吸引点的可能分布空间逐渐减小，最终导致算法在解空间搜索的能力不足。为了避免吸引点只能限定在特定区域的问题，可将式（7）改写为

$$x_{i,t}^{j} = \beta_{i,t}p_{i,t}^{j} + \left(1-\beta_{i,t}\right)x_{i,t}^{j} + \frac{p_{b,t}^{j}-p_{c,t}^{j}}{2} + a\left|\frac{p_{b,t}^{j}-p_{c,t}^{j}}{2}\right|\ln\left(-\frac{1}{u_{i,t}^{j}}\right) \qquad (25)$$

其中，下标 b，c 为群体中随机选取的两个粒子编号，且 $b \neq c \neq i$。$x_{i,t}^{j}$ 需要进行交叉操作，具体的交叉操作可参见文献 [138]，通过这种关于粒子吸引点的计算方法，可以提高算法求解多峰函数优化问题的性能。这是因为当大部分粒子集聚在一起时，分布在其他搜索空间中的粒子有机会帮助部分停滞粒子逃离，进入其他可行解区域。为了更好地实现 PSO 算法，具体的数据结构设计如图 9 所示。

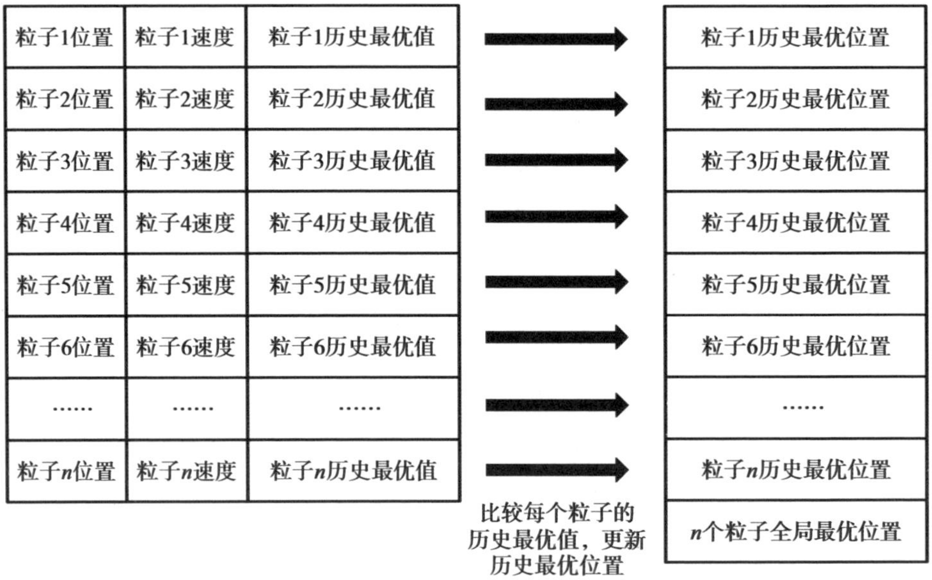

粒子1位置	粒子1速度	粒子1历史最优值	⟹	粒子1历史最优位置
粒子2位置	粒子2速度	粒子2历史最优值	⟹	粒子2历史最优位置
粒子3位置	粒子3速度	粒子3历史最优值	⟹	粒子3历史最优位置
粒子4位置	粒子4速度	粒子4历史最优值	⟹	粒子4历史最优位置
粒子5位置	粒子5速度	粒子5历史最优值	⟹	粒子5历史最优位置
粒子6位置	粒子6速度	粒子6历史最优值	⟹	粒子6历史最优位置
……	……	……	⟹	……
粒子n位置	粒子n速度	粒子n历史最优值	⟹	粒子n历史最优位置
		比较每个粒子的历史最优值，更新历史最优位置		n个粒子全局最优位置

图 9　粒子群算法数据结构示意图

2.2　地质建模中常用的统计学概念

无偏估计量：对于待估参数，不同的样本值就会得到不同的估计值。这样，要确定一个估计量的好坏，就不能仅依据某次抽样的结果来衡量，而必须由大量抽样的结果来衡量。对此，一个自然而基本的衡量标准是要求估计量无系统偏差。也就是说，尽管在一次抽样中得到的估计值不一定恰好等于待估参数的真值，但在大量重复抽样时所得到的估计值平均起来应与待估参数的真值相同，换句话说，希望估计量的均值（数学期望）应等于未知参数的真值，这就是所谓无偏性的要求。数学期望等于被估计的量的统计估计量称为无偏估计量。

条件概率：若 A，B 是两个随机事件，设 $P(B) \neq 0$，则：

$$P(A/B) = \frac{P(AB)}{P(B)} \tag{26}$$

概率乘法：A，B 为任意两个随机事件，则：

$$P(AB) = P(A/B)P(B) = P(B/A)P(A) \tag{27}$$

式（27）说明随机事件 B 的发生影响了事件 A 发生的概率，因为事件 A、B 是相互影响的，而不是独立事件。

独立事件：如果对事件 A 与 B 来说，有

$$P(A) = P(A/B) \quad P(B) = P(B/A) \tag{28}$$

则说明事件 A 与 B 相互独立，随机事件 B 的发生不影响事件 A 发生的概率，或随机事件 A 的发生不影响事件 B 发生的概率。

全概率：设事件 $B_1, B_2, \cdots, B_{n-1}, B_n$ 是一组互不相容事件，而且 $B_1 + B_2 + \cdots + B_{n-1} + B_n$ 是一个必然事件，则事件 $B_1, B_2, \cdots, B_{n-1}, B_n$ 构成一个"互不相容的事件完备群"，则对任意事件 A 都有 $A = AB_1 + AB_2 + \cdots + AB_{n-1} + AB_n$。由于 $B_1, B_2, \cdots, B_{n-1}, B_n$ 是一组互不相容事件，根据概率加法公式：$P(A) = P(AB_1) + P(AB_2) + \cdots + P(AB_{n-1}) + P(AB_n)$，再由概率的乘法公式可得：

$$P(A) = \sum_{i=1}^{n} P(A/B_i)P(B_i) \tag{29}$$

贝叶斯公式：设 $B_1, B_2, \cdots, B_{n-1}, B_n$ 构成一个互不相容的事件完备群，对于非不可能事件 A，则有

$$P(B_i/A) = \frac{P(A/B_i)P(B_i)}{\sum\limits_{i=1}^{n} P(A/B_i)P(B_i)} \tag{30}$$

k阶原点矩：

$$a_k = E\xi^k \qquad (31)$$

k阶中心矩：

$$a_k = E\left(\xi - E\xi\right)^k \qquad (32)$$

由式（31）可看出，均值为一阶原点矩，由式（32）可以看出二阶中心矩就是随机变量ξ的方差。

方差：

$$D\xi = E\left(\xi - E\xi\right)^2 \qquad (33)$$

容易看出，方差反映随机变量的取值与其均值之间的偏差情况或分散程度的描述。方差越小，分布越集中于均值附近。

协方差：协方差用于衡量两个变量的总体误差。而方差是协方差的一种特殊情况，即当两个变量相同的情况。

$$\mathrm{cov}\left(\xi, \eta\right) = E\left(\xi - E\xi\right)\left(\eta - E\eta\right) \qquad (34)$$

协方差表示的是两个变量的总体的误差，这与只表示一个变量误差的方差不同。如果两个变量的变化趋势一致，也就是说如果其中一个大于自身的期望值，另外一个也大于自身的期望值，那么两个变量之间的协方差就是正值。如果两个变量的变化趋势相反，即其中一个大于自身的期望值，另外一个却小于自身的期望值，那么两个变量之间的协方差就是负值。

区域化变量的方差：对于自变量x的每一个给定值x_0，它的函数值等于区域化变量$Z(x)$在x_0值处的方差，即

$$\begin{aligned} D^2\left\{Z(x)\right\} &= E\left\{Z(x) - E\left[Z(x)\right]\right\}^2 \\ &= E\left\{\left[Z(x)\right]^2\right\} - \left\{E\left[Z(x)\right]\right\}^2 \end{aligned} \qquad (35)$$

2.3 二阶平稳假设与本征假设

变差函数式（1）只是数学上的一种表达式，要得到式（1）的估计值，就

要计算数学期望 $E\left[z(x)-z(x+h)\right]^2$ 以及 $E\left[z(x)-z(x+h)\right]$ 的值，根据数理统计知识可知，要求 $E\left[z(x)-z(x+h)\right]^2$ 以及 $E\left[z(x)-z(x+h)\right]$ 的值，就要有很多观测值，但在实际地质工作中，一般不可能在同一点取很多样品。因此，需要对区域化变量提出一些基本的假设条件。

2.3.1　二阶平稳假设

当区域化变量 $Z(x)$ 满足下列二条件时，则称 $Z(x)$ 满足二阶平稳（或弱平稳）：

（1）在整个研究区城内，区域化变量 $Z(x)$ 的数学期望存在，且等于常数，即

$$E\left[Z(x)\right]=m,\forall x \tag{36}$$

（2）在整个研究区域内，$Z(x)$ 的方差函数存在且相同。即只依赖滞后距 h，与位置变量 x 无关，即

$$\begin{aligned}
\operatorname{cov}\left\{Z(x),Z(x+h)\right\}&=E\left\{\left[Z(x)-E(Z(x))\right]\left[Z(x+h)-E(Z(x+h))\right]\right\}\\
&=E\left\{\left[Z(x)-m\right]\left[Z(x+h)-m\right]\right\}\\
&=E\left\{\left[Z(x)Z(x+h)-mZ(x)-mZ(x+h)+m^2\right]\right\}\\
&=E\left[Z(x)Z(x+h)\right]-m^2\\
&\triangleq C(h),\forall x,\forall h
\end{aligned} \tag{37}$$

在实际工作过程中上述假设不满足时，可以提出本征假设。

2.3.2　本征假设

当区域化变量 $Z(x)$ 的增量 $\left[Z(x)-E(Z(x))\right]$ 满足下列两个条件时，则称 $Z(x)$ 满足本征假设。

（1）在整个研究区域内有如下关系成立：

$$E\left[Z(x)-E(Z(x))\right]=0,\forall x,\forall h \tag{38}$$

（2）增量 $\left[Z(x)-E(Z(x))\right]$ 的方差函数存在且平稳，即不依赖位置 x：

$$\operatorname{cov}\left[Z(x)-Z(x+h)\right]=E\left[Z(x)-Z(x+h)\right]^2,\forall x,\forall h \tag{39}$$

总结：二阶平稳假设是讨论区域化变量 $Z(x)$ 本身的特征，而本征假设是研究区域化变量增量 $\left[Z(x)-E\left(Z(x)\right)\right]$ 的特征的。总的来说，二阶平稳假设要求较高，本征假设要求较低，即如果某个区域化变量 $Z(x)$ 是二阶平稳的，那么它一定是本征的；反之，若已知 $Z(x)$ 是本征的，则它不一定是二阶平稳的。

2.3.3 变差函数、方差与协方差之间的关系

根据式（36）和式（38）可以看出，对于任意的位置 x 和滞后距 h，在二阶平稳假设和本征假设有 $E\left[Z(x)-E\left(Z(x)\right)\right]=0$ 成立，则变差函数式（1）可以写成式（2），则变差函数可以理解为在以向量 h 相隔的两点 x 与 $x+h$ 处区域化变量的两个值的变异程度，用它们之间的增量平方的数学期望来表示。

在二阶平稳假设下，变差函数式（1）可以写成：

$$2\gamma(x,h)=E\left[z(x)\right]^2+E\left[z(x+h)\right]^2-2E\left[z(x)z(x+h)\right] \tag{40}$$

由式（37）可得：

$$C(0)=E\left[Z(x)^2\right]-m^2 \tag{41}$$

由于式（41）对任意位置 x 都成立，将 x 换成 $x+h$ 也成立：

$$C(0)=E\left[Z(x+h)^2\right]-m^2 \tag{42}$$

同理，由式（37）可得：

$$C(h)=E\left[Z(x)Z(x+h)\right]-m^2 \tag{43}$$

将式（41）～式（43）代入式（40）可得：

$$\gamma(h)=C(0)-C(h) \tag{44}$$

式（44）是在二阶平稳假设条件下，变差函数 $\gamma(h)$、验前方差 $C(0)$ 以及协方差 $C(h)$ 三者之间的关系。

2.4　克里格方法

在实际地质工作中，一般根据区域化变量 $Z(x)$ 位于 x_i 点上的观测值 $Z(x_i)$ 来估计该区域化变量在某个待估计断块上的平均值，而任何一种估计都有误差。

2.4.1　方差估计

设 $Z(x)$ 为二阶平稳的区域化变量，Z_v 为该区域化变量在某一待估断块 v 上的真值，Z^* 为其估计量，则估计误差为 $R(x) = Z_v - Z^*$，$E\left[R(x)\right] = E\left[Z_v - Z^*\right] = m_R$，若 $R(x)$ 是二阶平稳的，则称

$$\operatorname{cov}\left[R(x)\right] = E\left[Z_v - Z^*\right]^2 - m_R^2 \tag{45}$$

为 Z^* 对 Z_v 的估计方差，记为 σ_R^2，即

$$\sigma_R^2 = E\left[Z_v - Z^*\right]^2 - m_R^2 \tag{46}$$

由此可见，m_R 表示平均估计误差的大小，而 σ_R^2 表示估计误差对其分布中心 m_R 的离散程度的大小，这就是估计方差的实质含义。

一般来说，Z_v 的估计量 Z^* 是 $Z(x_i)$ 的函数，设为

$$Z^* = f\left\{Z(x_1), Z(x_1), \cdots, Z(x_{n-1}), Z(x_n)\right\} \tag{47}$$

在估计时希望函数 f 满足：无偏条件：$E\left[Z_v - Z^*\right]$；估计方差最小条件：$\min\left\{\sigma_R^2\right\}$。

但在分布函数位置的情况下，上述两个条件是不能求出的。因此，一般讨论线性函数的情况，定义线性估计量：

$$Z^* = \sum_{i=1}^n \lambda_i Z(x_i) = \sum_{i=1}^n \lambda_i Z_i \tag{48}$$

若 $Z(x)$ 为二阶平稳的区域化变量，其数学期望 m、协方差函数 $C(h)$ 以及变差函数 $\gamma(h)$ 都存在。假设要估计中心点在 x、体积为 v 的断块上的区域化变量的

平均值，在地质建模过程中，一般遇到的都是离散型情况，下面只讨论离散型变量的情况（见图 10）。

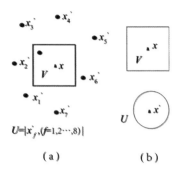

$$U=|x'_j,(j=1,2\cdots,8)|$$

（a）　　　　　　　　（b）

图 10　待估计区域与样品信息

对于图 10，采用线性估计量式（48）进行方差估计（无偏估计）的计算：

$$\sigma_R^2 = E\left(Z_v - m\right)^2 + E\left(Z^* - m\right)^2 - 2E\left[\left(Z_v - m\right)\left(Z^* - m\right)\right] \tag{49}$$

令 $Y_v = Z_v - m$，$Y^* = Z^* - m$，则上式可写成：

$$\sigma_R^2 = E\left(Y_v\right)^2 + E\left(Y^*\right)^2 - 2E\left[Y_v Y^*\right]$$

$$\sigma_R^2 = \frac{1}{v^2}\iint\limits_{v\ v} E\left[Y(x)Y(y)\right]\mathrm{d}x\mathrm{d}y - 2\sum_{i=1}^n \lambda_i \frac{1}{v}\int\limits_v E\left[Y(x_i)Y(x)\right]\mathrm{d}x +$$

$$\sum_{i=1}^n \sum_{j=1}^n \lambda_i \lambda_j E\left[Y(x_i)Y(y_j)\right]$$

$$\sigma_R^2 = \frac{1}{v^2}\iint\limits_{v\ v} C(x,y)\mathrm{d}x\mathrm{d}y - 2\sum_{i=1}^n \lambda_i \frac{1}{v}\int\limits_v C(x_i,x)\mathrm{d}x +$$

$$\sum_{i=1}^n \sum_{j=1}^n \lambda_i \lambda_j C(x_i,y_j)$$

由上述分析可得：

$$\sigma_R^2 = \overline{C}(v,v) - 2\sum_{i=1}^n \lambda_i \overline{C}(x_i,v) + \sum_{i=1}^n \sum_{j=1}^n \lambda_i \lambda_j C(x_i,y_j) \tag{50}$$

2.4.2　简单克里格法

已知 $E\left[Z(x)\right] = m$，令 $Y(x) = Z(x) - m$，则 $E\left[Y(x)\right] = E\left[Z(x) - m\right] = 0$。令

估计量 $Y^* = \sum\limits_{i=1}^{n} \lambda_i Y_i$，则 Y^* 是 Y_v 的无偏估计。其估计如式（50）所示。为了使 σ_R^2 达到最小，按照极值原理，对式（50）λ_i 求偏导数，并令其为 0，则有

$$\frac{\partial \sigma_R^2}{\partial \lambda_i} = -2\overline{C}(x_i, v) + 2\sum_{j=1}^{n} \lambda_j C(x_i, y_j) = 0 \tag{51}$$

由式（51）解出 λ_i，即为所求的简单克里格权系数，它必然满足最小方差的无偏估计。将式（51）两边分别乘 λ_i，并对其求和可得：

$$\sum_{i=1}^{n}\sum_{j=1}^{n} \lambda_j \lambda_i C(x_i, y_j) = \sum_{i=1}^{n} \lambda_i \overline{C}(x_i, v) \tag{52}$$

将式（52）代入式（50）可得：

$$\sigma_k^2 = \overline{C}(v, v) - \sum_{i=1}^{n} \lambda_i \overline{C}(x_i, v) \tag{53}$$

需要注意的是，式（50）表示无偏估计量的方差，不能保证方差最小，用 σ_R^2 表示。而式（53）是在确保估计方差最小的情况下推导出来的，它是克里格方差，故用 σ_k^2 表示。

由式（51）解出 λ_i，就可以得到 Y_v 的估计量 Y^*，因此 Z_v 的简单克里格估计量为

$$Z^* = \sum_{i=1}^{n} \lambda_i (Z_i - m) + m \tag{54}$$

2.4.3　普通克里格法

1. 无块金效应情况

普通克里格是在 $E[Z(x)] = m$ 未知的情况下建立的，要求估计量式（48）是无偏估计，就必须有限制条件。要是无偏估计，就必须有 $E[Z^* - Z_v] = 0$，又因为 $Z^* = \sum\limits_{i=1}^{n} \lambda_i Z_i$，故得无偏估计条件：

$$\sum_{i=1}^{n} \lambda_i = 1 \tag{55}$$

式（50）和式（55）构成了普通克里格基本方程，这是一个条件极值问题，可由拉格朗日乘数法求解：

$$F\left(\lambda_i,\mu\right)=\sigma_R^2-2\mu\left(\sum_{i=1}^n\lambda_i-1\right) \tag{56}$$

函数 $F\left(\lambda_i,\mu\right)$ 是 n 个系数 λ_i 和 μ 的 （$n+1$） 元函数，对函数 $F\left(\lambda_i,\mu\right)$ 的变量 λ_i 和 μ 求偏导数，并令其为零，可得到普通克里格方程组：

$$\begin{cases} F\left(\lambda_i,\mu\right)=-2\overline{C}\left(x_i,v\right)+2\sum_{j=1}^n\lambda_j C\left(x_i,y_j\right)-2\mu=0 \\ \dfrac{\partial F\left(\lambda_i,\mu\right)}{\partial\mu}=-2\left(\sum_{i=1}^n\lambda_i-1\right)=0 \end{cases} \tag{57}$$

整理式（57）可得：

$$\begin{cases} \sum_{j=1}^n\lambda_j C\left(x_i,y_j\right)-\mu=\overline{C}\left(x_i,v\right) \\ \sum_{i=1}^n\lambda_i=1 \end{cases} \tag{58}$$

将式（58）的第一式乘以 λ_i，并对其求和可得：

$$\begin{cases} \sum_{i=1}^n\sum_{j=1}^n\lambda_j\lambda_i C\left(x_i,y_j\right)-\mu=\sum_{i=1}^n\lambda_i\overline{C}\left(x_i,v\right) \\ \sum_{i=1}^n\lambda_i=1 \end{cases} \tag{59}$$

根据式（59）和式（50）可得普通克里格方差计算的公式：

$$\sigma_k^2=\overline{C}\left(v,v\right)-\sum_{i=1}^n\lambda_i\overline{C}\left(x_i,v\right)+\mu \tag{60}$$

根据式（58）和式（44），可以将协方差形式表示的普通克里格方程表示为变差函数的形式：

$$\begin{cases} \sum_{j=1}^n\lambda_j\overline{\gamma}\left(x_i,y_j\right)+\mu=\overline{\gamma}\left(x_i,v\right) \\ \sum_{i=1}^n\lambda_i=1 \end{cases} \tag{61}$$

若考虑式（61），则式（60）可写成：

$$\sigma_k^2=\sum_{i=1}^n\lambda_i\overline{\gamma}\left(x_i,v\right)-\overline{\gamma}\left(v,v\right)+\mu \tag{62}$$

为了使用方便，现将式（58）改写为矩阵的形式：

$$K\lambda = M \tag{63}$$

其中，有

$$\lambda = \begin{bmatrix} \lambda_1 \\ \lambda_1 \\ \vdots \\ \lambda_{n-1} \\ \lambda_n \\ -\mu \end{bmatrix} \qquad M = \begin{bmatrix} \overline{C}(x_1,v) \\ \overline{C}(x_2,v) \\ \vdots \\ \overline{C}(x_{n-1},v) \\ \overline{C}(x_n,v) \\ 1 \end{bmatrix}$$

$$K = \begin{bmatrix} \overline{C}(x_1,y_1) & \overline{C}(x_1,y_2) & \cdots & \overline{C}(x_1,y_{n-1}) & \overline{C}(x_1,y_n) & 1 \\ \overline{C}(x_2,y_1) & \overline{C}(x_2,y_2) & \cdots & \overline{C}(x_2,y_{n-1}) & \overline{C}(x_2,y_n) & 1 \\ \vdots & \vdots & \cdots & \cdots & \vdots & \vdots & \vdots \\ \overline{C}(x_{n-1},y_1) & \overline{C}(x_{n-1},y_2) & \cdots & \overline{C}(x_{n-1},y_{n-1}) & \overline{C}(x_{n-1},y_n) & 1 \\ \overline{C}(x_n,y_1) & \overline{C}(x_n,y_2) & \cdots & \overline{C}(x_n,y_{n-1}) & \overline{C}(x_n,y_n) & 1 \\ 1 & 1 & \cdots & 1 & 1 & 0 \end{bmatrix}$$

则式（60）写成矩阵的表示形式为

$$\sigma_k^2 = \overline{C}(v,v) - \lambda^{\mathrm{T}} M \tag{64}$$

同理，也可将式（61）改写为矩阵式（63）的形式，则（63）式中的参数 λ 和 M 的表达式如下：

其中，有

$$\lambda = \begin{bmatrix} \lambda_1 \\ \lambda_1 \\ \vdots \\ \lambda_{n-1} \\ \lambda_n \\ \mu \end{bmatrix} \qquad M = \begin{bmatrix} \overline{\gamma}(x_1,v) \\ \overline{\gamma}(x_2,v) \\ \vdots \\ \overline{\gamma}(x_{n-1},v) \\ \overline{\gamma}(x_n,v) \\ 1 \end{bmatrix}$$

$$K = \begin{bmatrix} \overline{\gamma}(x_1,y_1) & \overline{\gamma}(x_1,y_2) & \cdots & \overline{\gamma}(x_1,y_{n-1}) & \overline{\gamma}(x_1,y_n) & 1 \\ \overline{\gamma}(x_2,y_1) & \overline{\gamma}(x_2,y_2) & \cdots & \overline{\gamma}(x_2,y_{n-1}) & \overline{\gamma}(x_2,y_n) & 1 \\ \vdots & \vdots & \cdots & \cdots & \vdots & \vdots \\ \overline{\gamma}(x_{n-1},y_1) & \overline{\gamma}(x_{n-1},y_2) & \cdots & \overline{\gamma}(x_{n-1},y_{n-1}) & \overline{\gamma}(x_{n-1},y_n) & 1 \\ \overline{\gamma}(x_n,y_1) & \overline{\gamma}(x_n,y_2) & \cdots & \overline{\gamma}(x_n,y_{n-1}) & \overline{\gamma}(x_n,y_n) & 1 \\ 1 & 1 & \cdots & 1 & 1 & 0 \end{bmatrix}$$

类似的，也可以写出式（65）矩阵的形式：

$$\sigma_k^2 = \boldsymbol{\lambda}^{\mathrm{T}} \boldsymbol{M} - \overline{\gamma}(v,v) \tag{65}$$

2. 有块金效应的情况

若变差函数变为

$$\gamma(h) = \gamma_1(h) + \begin{cases} 0 & h = 0 \\ C_0 & h > 0 \end{cases} \tag{66}$$

当所有信息样品承载大小相等时，待估计位置和大小不相交，块金效应对普通克里格方程组的影响只是在原来普通克里格矩阵的主对角线上前 n 个元素减去块金常数。

3. 纯块金效应的情况

若变差函数为纯块金效应时：

$$\gamma(h) = \begin{cases} 0 & h = 0 \\ C_0 & h > 0 \end{cases} \tag{67}$$

则克里格方程组式（61）中的变差函数可写成

$$\overline{\gamma}(x_i,y_j) \approx \begin{cases} 0 & i = j \\ C_0 & i \neq j \end{cases} \tag{68}$$

$$\overline{\gamma}(x_i,v) \approx C_0 \tag{69}$$

则克里格方程式（61）变为

$$\begin{cases} -\lambda_i C_0 + \mu = 0 \\ \sum_{i=1}^{n} \lambda_i = 1 \end{cases} \tag{70}$$

式（70）解得 $\lambda_i = \dfrac{1}{n}$，$\mu = \dfrac{C_0}{n}$。

4.关于普通克里格方程中和方差的说明

（1）只有当协方差矩阵是严格正定的，克里格方程组才有唯一解，因为此时其系数矩阵的行列式严格大于零。因此，要求所用的点协方差函数是正定的，且数据承载无一重合，因为若有数据重合，则其系数矩阵有两列相等，故其行列式的值为零。

（2）克里格估值是一种无偏的内插估值。即若待估断块（承载）与有效数据的任意承载重合，则由克里格方程组给出 $Z^* = Z(v)$ 和 $\sigma_k^2 = 0$，这在制图学中称为"克里格估值曲面通过实测点"。传统的估计方法并没有这种性质，这也说明了克里格估值精度高于其他估值方法。

（3）对于式（64）和式（65）所用到的协方差函数和变差函数的模型，不论它们所表征的基本结构如何，它们可以是各向同性，也可以是各向异性，既可以是单一结构，也可以是套合结构。

（4）普通克里格方程组和普通克里格方差只取决于结构模型方差或变差函数以及承载的相对几何特征，而不依赖数据的具体数值。因此，只要知道结构函数（方程或变差函数）以及样品的空间位置（数据构形），就可得普通克里格方程组和方差。这样，就可以根据钻孔的空间位置不同，得出不同的克里格方差，从而选择较小的克里格方差所对应的钻孔位置进行开钻，在已知结构函数前提下确定最优布孔方案。

（5）普通克里格矩阵 **K** 只取决于样品承载的几何特征（空间位置），而完全不依赖待估断块的承载。因此，只要所用的信息样品相同，即使对不同的待估断块进行估值，克里格方程组的系数矩阵 **K** 也相同，从而只需求一次逆阵。若估计构形（待估承载与全体样品承载的构形）也相同，则矩阵 **M** 也不变，即只解一次克里格方程组，就可寻到线性估计量的权系数。

（6）普通克里格方程组和普通克里格方差考虑了四方面的因素：待估承载的几何特征；数据构形的几何特征；信息样品承载与待估承载之间的距离；反应区域化变量空间结构特征的变差函数模型。

5.断块克里格估计方法

（1）积分法：若估计断块 V 为二维区域，就进行二重积分；若是三维空间，就进行三重积分；若数据承载是一个域（二维，三维），则进行四重、六重积分。

（2）离散化法：就是先将待估断块 V 离散化为若干个点，求每一个离散化的点与采集样品点之间的变差函数，计算其平均值。具体来说有两种方法：一种方法是将估计断块离散，根据已知的变差函数计算每个离散点与样品信息之间的变差函数值，然后将其平均值作为该断块上的值，对每个样品信息都进行这样的计算，最后构造克里格方程组的矩阵形式，通过求解矩阵进行估计；另一种方法是用周围采集样品数据估计（点克里格估计）出每个离散点的属性值，然后取平均值。

2.4.4 泛克里格法

泛克里格属于非平稳地质统计学范畴。即区域变量 $Z(x)$ 的数学期望并不是常数，而是空间位置的函数，即 $E[Z(x)] = m(x)$。这里的 $m(x)$ 叫作漂移或者趋势。一般的地质属性阐述很难满足平稳假设的条件，都带有趋势，因此泛克里格方法尤其重要，在地质建模软件 Petrel 中也含有泛克里格方法的属性建模。

1. 基本概念

漂移：区域化变量的期望，与位置有关。

剩余：区域化变量与漂移之差，其数学期望为零的区域化变量。漂移 $m(x)$ 表示的是区域化变量 $Z(x)$ 规则而连续的变化，剩余 $R(x)$ 可认为是 $Z(x)$ 围绕漂移 $m(x)$ 附近摆动的随机误差，且其数学期望为零。

漂移的形式如下。

一维：$m(x) = a_0 + a_1 x + a_2 x^2 + \cdots$

二维：$m(x, y) = a_0 + a_1 x + a_2 y + a_3 x^2 + a_4 xy + a_5 y^2 + \cdots$

三维：$m(x, y) = a_0 + a_1 x + a_2 y + a_3 z + a_4 x^2 + a_5 y^2 + a_6 z^2 + \cdots$

漂移的形式的选择主要由以下两个方面决定：一是要看数据的密集程度。当我们估计某一断块时，首先要确定适当的"窗口"，就是确定待估断块周围所用信息数据的范围。如果数据很密集，则适当缩小"窗口"，由于窗口小，则可将窗口内的漂移近似地看成是线性的；反之，就应放大窗口，使得有足够的数据用于估计，这时的漂移就可能是二次的了。二是要看数据递增或递减的速度。当数据沿某个方向上升或下降得很快时，则应用二次漂移；反之则用线性漂移。

2. 基本假设及解决的问题

1）基本假设

①假设区域化变量 $Z(x)$ 具有非平稳的数学期望和一个非平稳的协方差函数，即

$$\begin{cases} E\big[Z(x)\big] = m(x) \\ E\big[Z(x), Z(y)\big] = m(x)m(y) + C(x, y) \end{cases} \tag{71}$$

②假设区域化变量 $Z(x)$ 的增量具有非平稳的数学期望和一个非平稳的协方差函数，即

$$\begin{cases} E\big[Z(x) - Z(y)\big] = m(x) - m(y) \\ D^2\big[Z(x) - Z(y)\big] = 2\gamma(x, y) \end{cases} \tag{72}$$

③假设区域化变量 $Z(x)$ 可以分解为漂移 $m(x)$ 和剩余 $R(x)$ 之和，$Z(x)$ 是两个不同尺度的组合，大尺度现象 $m(x)$ 和小尺度现象 $R(x)$，即 $Z(x) = m(x) + R(x)$。

④假设漂移可以表示为 $K + 1$ 个 x 的单项函数 $f_l(x)(l = 0, 1, 2, \cdots, K)$ 的线性组合：

$$m(x) = \sum_{i=0}^{K} a_i f_i(x) \tag{73}$$

在所研究的邻域 v 内应包含足够多的观测点，以便估计出其系数 a_l。

⑤假设已知协方差函数 $C(x, y)$ 或变差函数 $\gamma(x, y)$。

⑥在研究区域上个点处的值 $Z(x)$ 是已知的。

2）解决的问题

①计算漂移 $m(x)$ 的最优估计量，或求出漂移的各个系数 a_l 的最优线性估计量。

②求出 x_0 点处 $Z(x)$ 值的最优线性估计量，或求出在承载 v 上 $Z(x)$ 的平均值的最优线性估计量。

3. 非平稳区域化变量的变差函数

当 $Z(x) = m(x) + R(x)$ 成立时，$Z(x)$ 的协方差函数 $C(x, y)$ 等于其剩余 $R(x)$ 的协方差函数 $C(x, y)$；$Z(x)$ 的变差函数 $\gamma(x, y)$ 等于其剩余 $R(x)$ 的变差函数 $\gamma(x, y)$。

$$
\begin{aligned}
C_z(x,y) &= E\big[Z(x)-m(x)\big]\big[Z(y)-m(y)\big] \\
&= E\big[R(x)R(y)\big] \\
&= E\big[R(x)R(y)\big] - E\big[R(x)\big]E\big[R(y)\big] \\
&= C_R(x,y)
\end{aligned}
\tag{74}
$$

$$
\begin{aligned}
\gamma_z(x,y) &= \frac{1}{2}D^2\big[Z(x)-Z(y)\big] \\
&= \frac{1}{2}D^2\big[Z(x)-Z(y)-m(x)+m(y)\big] \\
&= \frac{1}{2}D^2\big\{\big[Z(x)-m(x)\big]-\big[Z(y)-m(y)\big]\big\} \\
&= \frac{1}{2}D^2\big[R(x)-R(y)\big] \\
&= \gamma_R(x,y)
\end{aligned}
\tag{75}
$$

式（74）和式（75）中，y 可以换成 $x+h$，$-m(x)+m(y)$ 是普通的实函数，对方差的求解没有影响。若 $R(x)$ 满足二阶平稳假设，则有 $\gamma_R(x,y)$ 存在，则 $\gamma_z(x,y)$ 也存在。因此，若求出 $R(x)$ 的变差函数，$Z(x)$ 的变差函数就已知了。但由于 $m(x)$ 未知，故无法从原始数据中求取 $\gamma_R(x,y)$。

4.已知协方差函数的泛克里格方法

根据假设条件的①和④，取泛克里格的线性估计量为

$$
Z_{\mathrm{UK}}^* = \sum_{j=0}^{n}\lambda_j Z_j
\tag{76}
$$

根据无偏性（也叫泛性）和最优性（估计方差最小性）的条件来确定诸权系数 λ_j。

1）$Z(x)$ 估计的无偏条件

$$
\begin{aligned}
E\big[Z_{\mathrm{UK}}^*\big] &= E\Big[\sum_{j=0}^{n}\lambda_j Z_j\Big] = \sum_{j=0}^{n}\lambda_j E\big[Z_j\big] = \sum_{j=0}^{n}\lambda_j m(x_j) \\
&= \sum_{j=0}^{n}\lambda_j \sum_{i=0}^{K}a_i f_i(x_j) = \sum_{j=0}^{n}\sum_{i=0}^{K}a_i\lambda_j f_i(x_j) \\
&= \sum_{i=0}^{K}a_i \sum_{j=0}^{n}\lambda_j f_i(x_j)
\end{aligned}
\tag{77}
$$

又因为 $m(x) = \sum\limits_{i=0}^{K} a_i f_i(x)$，要使 $E\left[Z_{UK}^*\right] = m(x)$ 成立，则有 $\sum\limits_{i=0}^{K} a_i \sum\limits_{j=0}^{n} \lambda_j f_i(x_j) = \sum\limits_{i=0}^{K} a_i f_i(x)$ 对任意系数 a_i 均成立，故有

$$\sum_{j=0}^{n} \lambda_j f_i(x_j) = f_i(x) \tag{78}$$

2）$Z(x)$ 估计的最优条件

在无偏条件下，用 Z_{UK}^* 估计 $Z(x)$ 的估计方差为

$$\sigma_R^2 = D^2\left[Z_{UK}^* - Z(x)\right] = E\left[Z_{UK}^* - Z(x)\right]^2$$
$$= E\left[Z_{UK}^*\right]^2 + E\left[Z(x)\right]^2 - 2E\left[Z_{UK}^* Z(x)\right] \tag{79}$$

根据式（37），结合无偏条件，可得

$$\sigma_R^2 = E\left[\sum_{j=1}^{n} \lambda_j Z_j\right]^2 + E\left[Z(x)\right]^2 - 2E\left[\sum_{j=1}^{n} \lambda_j Z_j Z(x)\right]$$
$$= E\left[\sum_{j=1}^{n} \lambda_j Z_j\right]\left[\sum_{i=1}^{n} \lambda_i Z_i\right] + C(x,x) - 2\sum_{j=1}^{n} \lambda_j E\left(Z_j Z(x)\right)$$
$$= \sum_{i=1}^{n}\sum_{j=1}^{n} \lambda_i \lambda_j E\left(Z_j Z_i\right) + C(x,x) - 2\sum_{j=1}^{n} \lambda_j E\left(Z_j Z(x)\right)$$
$$= \sum_{i=1}^{n}\sum_{j=1}^{n} \lambda_i \lambda_j C(x_i, x_j) + C(x,x) - 2\sum_{j=1}^{n} \lambda_j C(x, x_j) \tag{80}$$

要使式（80）所表示的估计方差在满足无偏性式（78）的条件下达到极小，就要利用求条件极值的拉格朗日乘数法，令

$$F(\lambda_j, \mu_k) = \sigma_R^2 - 2\sum_{k=0}^{K} \mu_k\left[\sum_{j=1}^{n} \lambda_j f_k(x_j) - f_k(x)\right] \tag{81}$$

3）$Z(x)$ 估计泛克里格方程组

对式（81）的 λ_j, μ_i 求偏导数，并令其为 0，得到：

$$\begin{cases} \dfrac{\partial F(\lambda_j, \mu_k)}{\partial \lambda_j} = 2\sum\limits_{i=1}^{n} \lambda_i C(x_i, x_j) - 2C(x, x_j) - 2\sum\limits_{k=0}^{K} \mu_k f_k(x_j) = 0 \\[2mm] \dfrac{\partial F(\lambda_j, \mu_k)}{\partial \mu_k} = -2\left[\sum\limits_{j=1}^{n} \lambda_j f_k(x_j) - f_k(x)\right] = 0 \end{cases} \tag{82}$$

对式（82）进行整理可得：

$$\begin{cases} \sum_{i=1}^{n} \lambda_i C(x_i, x_j) - \sum_{k=0}^{K} \mu_k f_k(x_j) = C(x, x_j)(j=1,2,\cdots,n) \\ \sum_{j=1}^{n} \lambda_j f_k(x_j) = f_k(x)(k=0,1,\cdots,K) \end{cases} \tag{83}$$

式（83）是对点估计的泛克里格方程组（非点承载的类似）。式（83）含有 $n+K+1$ 个未知数（ $\lambda_j(j=1,2,\cdots,n)$， $\mu_k(k=0,1,\cdots,K)$ ）。其中，协方差矩阵 $C(x_i, x_j)$ 严格正定，只要 $f_k(x)$ 是线性无关的，则方程组有唯一解。

4）$Z(x)$ 估计泛克里格方程组的矩阵形式

式（83）的矩阵形式表示为（点承载信息样品）

$$\begin{bmatrix} C & f^T \\ f & 0 \end{bmatrix} \begin{bmatrix} \lambda \\ -\mu \end{bmatrix} = \begin{bmatrix} C_x \\ f_x \end{bmatrix} \tag{84}$$

其中，有

$$\lambda = \begin{bmatrix} \lambda_1 \\ \lambda_2 \\ \vdots \\ \lambda_{n-1} \\ \lambda_n \end{bmatrix} \quad \lambda = \begin{bmatrix} \mu_0 \\ \mu_1 \\ \vdots \\ \mu_{K-1} \\ \mu_K \end{bmatrix} \quad C_x = \begin{bmatrix} C(x, x_1) \\ C(x, x_2) \\ \vdots \\ C(x, x_{n-1}) \\ C(x, x_n) \end{bmatrix} \quad f_x = \begin{bmatrix} f_0(x) \\ f_1(x) \\ \vdots \\ f_{K-1}(x) \\ f_K(x) \end{bmatrix}$$

$$C = \begin{bmatrix} C(x_1, x_1) & C(x_1, x_2) & \cdots & C(x_1, x_{n-1}) & C(x_1, x_n) \\ C(x_2, x_1) & C(x_2, x_2) & \cdots & C(x_2, x_{n-1}) & C(x_2, x_n) \\ \vdots & \vdots & \cdots & \cdots & \vdots & \vdots \\ C(x_{n-1}, x_1) & C(x_{n-1}, x_2) & \cdots & C(x_{n-1}, x_{n-1}) & C(x_{n-1}, x_n) \\ C(x_n, x_1) & C(x_n, x_2) & \cdots & C(x_n, x_{n-1}) & C(x_n, x_n) \end{bmatrix}$$

$$f = \begin{bmatrix} f_0(x_1) & f_0(x_2) & \cdots & f_0(x_{n-1}) & f_0(x_n) \\ f_1(x_1) & f_1(x_2) & \cdots & f_1(x_{n-1}) & f_1(x_n) \\ \vdots & \vdots & \cdots & \vdots & \vdots \\ f_{K-1}(x_1) & f_{K-1}(x_{n-1}, x_2) & \cdots & f_{K-1}(x_{n-1}, x_{n-1}) & f_{K-1}(x_{n-1}, x_n) \\ f_K(x_1) & f_K(x_n, x_2) & \cdots & f_K(x_n, x_{n-1}) & f_K(x_n, x_n) \end{bmatrix}$$

注意：式（84）中的 C_x 和 f_x 因待估计点的位置而变化，其他参数 C 和 f 由已知点的信息决定，其中 C 由已知点的协方差或变差函数决定，而 f 由已知点和漂移基函数决定。

5）$Z(x)$ 估计的泛克里格方差

由式（84）解出 $\lambda_j\left(j=1,2,\cdots,n\right)$ 和 $\mu_k\left(k=0,1,\cdots,K\right)$，将式（83）两边乘以 λ_j 并求和，整理可得：

$$\sum_{j=1}^{n}\sum_{i=1}^{n}\lambda_i\lambda_j C\left(x_i,x_j\right)-\sum_{j=1}^{n}\sum_{k=0}^{K}\mu_k\lambda_j f_k\left(x_j\right)=\sum_{j=1}^{n}\lambda_j C\left(x,x_j\right) \tag{85}$$

将式（83）的第二式代入式（85），化简可得：

$$\sum_{j=1}^{n}\sum_{i=1}^{n}\lambda_i\lambda_j C\left(x_i,x_j\right)=\sum_{j=1}^{n}\lambda_j C\left(x,x_j\right)+\sum_{k=0}^{K}\mu_k f_k\left(x\right) \tag{86}$$

将式（86）代入方差方程式（80）化简可得泛克里格估计方差的表达式：

$$\sigma_R^2=\sum_{k=0}^{K}\mu_k f_k\left(x\right)+C\left(x,x\right)-\sum_{j=1}^{n}\lambda_j C\left(x,x_j\right) \tag{87}$$

6）$m(x)$ 估计的无偏性条件

假设 $m(x)$ 的估计量 $m^*(x)$ 是 n 个已知数据 $Z(x)$ 的线性组合：

$$m^*\left(x\right)=\sum_{m=1}^{n}\rho_m Z_m\left(x\right) \tag{88}$$

其中，ρ_m 为权系数，选择 ρ_m 使得对任意 a_k，$m^*(x)$ 都能满足无偏性和最小方差条件。

$$\begin{aligned}
E\left[m^*\left(x\right)\right]&=E\left[\sum_{m=1}^{n}\rho_m Z_m\left(x\right)\right]=\sum_{m=1}^{n}\rho_m E\left[Z_m\left(x\right)\right]\\
&=\sum_{m=1}^{n}\rho_m m\left(x_m\right)=\sum_{m=1}^{n}\rho_m\sum_{k=0}^{K}a_k f_k\left(x_m\right)\\
&=\sum_{k=0}^{K}a_k\sum_{m=1}^{n}\rho_m f_k\left(x_m\right)
\end{aligned} \tag{89}$$

要使 $E\left[m^*\left(x\right)\right]=m(x)$，则有

$$\sum_{k=0}^{K}a_k\sum_{m=1}^{n}\rho_m f_k\left(x_m\right)=\sum_{k=0}^{K}a_k f_k\left(x\right) \tag{90}$$

7）$m(x)$估计的最优性条件

$m(x)$的估计量$m^*(x)$的估计量的方差可表示为

$$\sigma_R^2 = \sum_{m=1}^{n}\sum_{l=1}^{n}\rho_m\rho_l C(Z_m, Z_l) \tag{91}$$

式（91）的证明过程如下：

$$\sigma_R^2 = D^2\left[m^*(x) - m(x)\right] = E\left\{m^*(x) - E\left[m^*(x)\right]\right\}^2$$

$$= D^2\left[m^*(x)\right] = D^2\left[\sum_{m=1}^{n}\rho_m Z_m(x)\right]$$

$$= E\left[\sum_{m=1}^{n}\rho_m Z_m(x) - \sum_{m=1}^{n}\rho_m E\left[Z_m(x)\right]\right]^2$$

$$= E\left[\sum_{m=1}^{n}\rho_m\left[Z_m(x) - E\left[Z_m(x)\right]\right]\right]^2$$

$$= E\left[\sum_{m=1}^{n}\rho_m\left[Z_m(x) - E\left[Z_m(x)\right]\right]\right]\left[\sum_{l=1}^{n}\rho_l\left[Z_l(x) - E\left[Z_l(x)\right]\right]\right]$$

$$= \sum_{m=1}^{n}\sum_{l=1}^{n}\rho_l\rho_m E\left\{\left[Z_m(x) - E\left[Z_m(x)\right]\right]\left[Z_l(x) - E\left[Z_l(x)\right]\right]\right\}$$

$$= \sum_{m=1}^{n}\sum_{l=1}^{n}\rho_l\rho_m C\left(Z_m(x), Z_l(x)\right)$$

8）$m(x)$估计的泛克里格方程组

式（90）和式（91）共同构成使方差达到最小的条件极值问题，采用拉格朗日乘数法进行求解：

$$F(\rho_m, \mu_k) = \sum_{m=1}^{n}\sum_{l=1}^{n}\rho_m\rho_l C(Z_m, Z_l) - 2\sum_{k=0}^{K}\mu_k\left[\sum_{m=1}^{n}\rho_m f_k(x_m) - f_k(x)\right] \tag{92}$$

对式（92）的ρ_m和μ_k求偏导数，并令其值等于零：

$$\begin{cases} \dfrac{\partial F(\rho_m, \mu_k)}{\partial \rho_m} = 2\sum_{l=1}^{n}\rho_l C(Z_m, Z_l) - 2\sum_{k=0}^{K}\mu_k f_k(x_m) = 0 \\ \dfrac{\partial F(\rho_m, \mu_k)}{\partial \mu_k} = -2\left[\sum_{m=1}^{n}\rho_m f_k(x_m) - f_k(x)\right] = 0 \end{cases} \tag{93}$$

将式（93）整理可得：

$$\begin{cases} \sum_{l=1}^{n} \rho_l C(Z_m, Z_l) - \sum_{k=0}^{K} \mu_k f_k(x_m) = 0 (m = 1, 2, \cdots, n) \\ \sum_{m=1}^{n} \rho_m f_k(x_m) = f_k(x)(k = 0, 1, \cdots, K) \end{cases} \quad (94)$$

式（94）为有 $n+K+1$ 个未知数、$n+K+1$ 个方程的方程组。只要给定的基函数 $f_k(x)$ 线性无关，并且 $C(Z_m, Z_l)$ 列线性无关，则方程组式（94）有唯一解。式（94）矩阵形式与式（84）就结果类似，$\rho = \lambda$，$C_x = 0$。

注意：式（94）中的 f_x 因待估计点的位置而变化，其他参数 C 和 f 由已知点的信息决定，其中 C 由已知点的协方差或变差函数决定，而 f 由已知点和漂移基函数决定，故对不同的位置，可以估计出漂移值。

9）$m(x)$ 估计的泛克里格方差

对式（94）的第一个方程乘以 ρ_m 并求和，整理可得：

$$\sum_{m=1}^{n}\sum_{l=1}^{n} \rho_m \rho_l C(Z_m, Z_l) = \sum_{k=0}^{K} \mu_k \sum_{m=1}^{n} \rho_m f_k(x_m) \quad (95)$$

结合式（90）的结果，化简可得：

$$\sum_{m=1}^{n}\sum_{l=1}^{n} \rho_m \rho_l C(Z_m, Z_l) = \sum_{k=0}^{K} \mu_k f_k(x) \quad (96)$$

将式（96）代入方差方程式（91）可得：

$$\sigma_R^2 = \sum_{k=0}^{K} \mu_k f_k(x) \quad (97)$$

10）$m(x)$ 估计的泛克里格漂移系数 a_k

为了得到漂移系数 a_k 的估计值，将式（94）中的第二式 ρ_m 的下标 m 改成第一式的下标 l，整理可得：

$$\begin{cases} \sum_{l=1}^{n} \rho_l C(Z_m, Z_l) - \sum_{k=0}^{K} \mu_k f_k(x_m) = 0 (m = 1, 2, \cdots, n) \\ \sum_{l=1}^{n} \rho_l f_k(x_l) = f_k(x)(k = 0, 1, \cdots, K) \end{cases} \quad (98)$$

将式（98）写成矩阵形式：

$$\begin{bmatrix} [C]_{n\times n} & [f^{\mathrm{T}}]_{n\times(K+1)} \\ [f]_{(K+1)\times n} & [0]_{(K+1)\times(K+1)} \end{bmatrix} \begin{bmatrix} [\rho]_{n\times1} \\ [-\mu]_{(K+1)\times1} \end{bmatrix} = \begin{bmatrix} [0]_{n\times1} \\ [f_x]_{(K+1)\times1} \end{bmatrix} \quad (99)$$

其中，有

$$\lambda = \begin{bmatrix} \lambda_1 \\ \lambda_2 \\ \vdots \\ \lambda_{n-1} \\ \lambda_n \end{bmatrix} \quad \lambda = \begin{bmatrix} \mu_0 \\ \mu_1 \\ \vdots \\ \mu_{K-1} \\ \mu_K \end{bmatrix} \quad f_x = \begin{bmatrix} f_0(x) \\ f_1(x) \\ \vdots \\ f_{K-1}(x) \\ f_K(x) \end{bmatrix}$$

$$C = \begin{bmatrix} C(x_1,x_1) & C(x_1,x_2) & \cdots & C(x_1,x_{n-1}) & C(x_1,x_n) \\ C(x_2,x_1) & C(x_2,x_2) & \cdots & C(x_2,x_{n-1}) & C(x_2,x_n) \\ \vdots & \vdots & \cdots & \cdots & \vdots & \vdots \\ C(x_{n-1},x_1) & C(x_{n-1},x_2) & \cdots & C(x_{n-1},x_{n-1}) & C(x_{n-1},x_n) \\ C(x_n,x_1) & C(x_n,x_2) & \cdots & C(x_n,x_{n-1}) & C(x_n,x_n) \end{bmatrix}$$

$$f = \begin{bmatrix} f_0(x_1) & f_0(x_2) & \cdots & f_0(x_{n-1}) & f_0(x_n) \\ f_1(x_1) & f_1(x_2) & \cdots & f_1(x_{n-1}) & f_1(x_n) \\ \vdots & \vdots & \cdots & \cdots & \vdots \\ f_{K-1}(x_1) & f_{K-1}(x_{n-1},x_2) & \cdots & f_{K-1}(x_{n-1},x_{n-1}) & f_{K-1}(x_{n-1},x_n) \\ f_K(x_1) & f_K(x_n,x_2) & \cdots & f_K(x_n,x_{n-1}) & f_K(x_n,x_n) \end{bmatrix}$$

对于式（99）的第二个方程而言，两边分别左乘以 f 的转置矩阵，可求解出参数 ρ：

$$[\rho]_{n\times1} = \left[[f^{\mathrm{T}}]_{n\times(K+1)} [f]_{(K+1)\times n} \right]_{n\times n}^{-1} [f^{\mathrm{T}}]_{n\times(K+1)} [f_x]_{(K+1)\times1} \quad (100)$$

将式（100）代入式（99）的第一个方程中，化简可得：

$$[\mu]_{(K+1)\times1} = [f_2][f]_{(K+1)\times n} [C]_{n\times n} \left[[f_1][f^{\mathrm{T}}]_{n\times(K+1)} - [E]_{n\times(K+1)} \right]_{n\times(K+1)} [f_x]_{(K+1)\times1} \quad (101)$$

式（101）的求解过程如下：

$$[C]_{n\times n}[\rho]_{n\times1} - [f^{\mathrm{T}}]_{n\times(K+1)}[\mu]_{(K+1)\times1} = [f_x]_{(K+1)\times1}$$

将式（100）代入上式：

$$\left[f^{\mathrm{T}}\right]_{n\times(K+1)}[\mu]_{(K+1)\times1}=[C]_{n\times n}\left\{\left[\left[f^{\mathrm{T}}\right]_{n\times(K+1)}[f]_{(K+1)\times n}\right]_{n\times n}\left[f^{\mathrm{T}}\right]_{n\times(K+1)}-[E]_{n\times(K+1)}\right\}[f_x]_{(K+1)\times1}$$

两边同左乘以矩阵f：

$$[f]_{(K+1)\times n}\left[f^{\mathrm{T}}\right]_{n\times(K+1)}[\mu]_{(K+1)\times1}$$

$$=[f]_{(K+1)\times n}[C]_{n\times n}\left\{\left[\left[f^{\mathrm{T}}\right]_{n\times(K+1)}[f]_{(K+1)\times n}\right]_{n\times n}\left[f^{\mathrm{T}}\right]_{n\times(K+1)}-[E]_{n\times(K+1)}\right\}[f_x]_{(K+1)\times1}$$

上式两边同乘以$[f]_{(K+1)\times n}\left[f^{\mathrm{T}}\right]_{n\times(K+1)}$的逆矩阵化简可得：

$$[\mu]_{(K+1)\times1}=[f_2][f]_{(K+1)\times n}[C]_{n\times n}\left[[f_1]\left[f^{\mathrm{T}}\right]_{n\times(K+1)}-[E]_{n\times(K+1)}\right]_{n\times(K+1)}[f_x]_{(K+1)\times1}$$

其中，有

$$[f_1]_{n\times n}=\left[\left[f^{\mathrm{T}}\right]_{n\times(K+1)}[f]_{(K+1)\times n}\right]_{n\times n}^{-1}$$

$$[f_2]_{(K+1)\times(K+1)}=\left[[f]_{(K+1)\times n}\left[f^{T}\right]_{n\times(K+1)}\right]_{(K+1)\times(K+1)}^{-1}$$

通过对式（100）和式（101）的分析，ρ_l和μ_k都是f_x的线性组合，因此可设：

$$\begin{cases}\rho_l=\displaystyle\sum_{s=0}^{K}\rho_{ls}f_s(x)(l=1,2,\cdots,n) & \forall x \\ \mu_k=\displaystyle\sum_{s=0}^{K}\mu_{ks}f_s(x)(k=0,1,\cdots,K) & \forall x\end{cases}\qquad(102)$$

其中，$s=0,1,\cdots,K$，由式（100）和式（101）来决定。在设式（102）的形式时，需要结合式（100）和式（101）这两个参数计算结果。

将式（102）代入式（98）可得：

$$\begin{cases}\displaystyle\sum_{s=0}^{K}\left[\sum_{l=1}^{n}\rho_{ls}C(Z_m,Z_l)\right]f_s(x)-\sum_{s=0}^{K}\left[\sum_{k=0}^{K}\mu_{ks}f_k(x_m)\right]f_s(x)=0 \\ \displaystyle\sum_{s=0}^{K}\left[\sum_{l=1}^{n}\rho_{ls}f_k(x_l)\right]f_s(x)=f_k(x)\end{cases}\qquad(103)$$

根据前面的假设可知，基函数 $f_s(x)$ 是线性无关的，则上式可化简为

$$\begin{cases} \sum\limits_{l=1}^{n} \rho_{ls} C(Z_m, Z_l) = \sum\limits_{k=0}^{K} \mu_{ks} f_k(x_m) \\ \sum\limits_{l=1}^{n} \rho_{ls} f_k(x_l) = \delta_{sk} \end{cases} \tag{104}$$

其中，$s = 0, 1, \cdots, K$；$m = 1, 2, \cdots, n$；δ_{sk} 为克罗内克符号。式（104）有 $(K+1)$ $(n+K+1)$ 个未知数 ρ_{ls}，μ_{ks}。只要协方差矩阵正定，基函数 $f_s(x)$ 线性无关，则式（104）有解。

根据式（88）漂移的估计式，结合式（102）可得漂移的估计量为

$$m^*(x) = \sum_{m=1}^{n} \left[\sum_{s=0}^{K} \rho_{ms} f_s(x) \right] Z_m(x) \tag{105}$$

对式（105）对换求和符号，化简可得：

$$m^*(x) = \sum_{s=0}^{K} \left[\sum_{m=1}^{n} \rho_{ms} Z_m(x) \right] f_s(x) \tag{106}$$

对照式（73）漂移的线性组合表达形式，可得漂移系数的估计值为

$$a_s = \sum_{m=1}^{n} \rho_{ms} Z_m(x) \tag{107}$$

可以证明，$\sum\limits_{m=1}^{n} \rho_{ms} Z_m(x)$ 为 a_s 的无偏估计，且式（106）也为 $m(x)$ 的最优估计。

5. 已知变差函数的泛克里格方法

假定协方差函数不存在，区域化变量满足如下关系：

$$\begin{cases} E\left[Z(x) - Z(y) \right] = m(x) - m(y) \\ \dfrac{1}{2} D^2 \left[Z(x) - Z(y) \right] = \gamma(x, y) \end{cases} \tag{108}$$

上式说明只有区域化变量的增量的数学期望和有限方差函数存在，因此在满足条件 $\sum\limits_{a=1}^{n} \lambda_a = 0$ 时的线组合 $\sum\limits_{a=1}^{n} \lambda_a Z_a$ 才可表示为 Z_a 的增量的线性组合，才具有数学期望和有限方差函数。这种满足条件 $\sum\limits_{a=1}^{n} \lambda_a = 0$ 的线性组合 $\sum\limits_{a=1}^{n} \lambda_a Z_a$ 称为可容许的线性组合。

在上述条件下，假设：

$$m(x) = \sum_{l=0}^{K} a_l f_l(x) \tag{109}$$

无偏条件为 $E\left[Z^*(x)\right] = E\left[Z(x)\right]$，这就要求 $Z^*(x) - Z(x)$ 必须是 $Z^*(x)$ 和 $Z(x)$ 可容许线性组合。由可容许性的要求可得 $\sum_{a=1}^{n} \lambda_a - 1 = 0$，由此可得无偏估计条件为

$$\sum_{a=0}^{n} \lambda_a f_l(x_a) = f_l(x)(l = 0, 1, \cdots, K) \tag{110}$$

其中，必须有 $f_0(x_a) = f_0(x) = 1$，$\forall x_a$，$\forall x$。

要求在只有变差函数存在的情况下估计方差的表达式，而前面假设过程中给出了增量的情况，则增量的协方差函数：

$$C'(x, y) = -\gamma(x, y) + \gamma(x, y_0) + \gamma(y, y_0) \tag{111}$$

下面证明式（111）成立：

$$C'(x - y_0, y - y_0) = \text{cov}\left[Z(x) - Z(y_0), Z(y) - Z(y_0)\right]$$

$$= E\begin{bmatrix} \left[\left[Z(x) - Z(y_0)\right] - E\left[Z(x) - Z(y_0)\right]\right] \\ \left[\left[Z(y) - Z(y_0)\right] - E\left[Z(y) - Z(y_0)\right]\right] \end{bmatrix}$$

$$= E\begin{bmatrix} \left[Z(x) - Z(y_0) - E\left[Z(x)\right] + E\left[Z(y_0)\right]\right] \\ \left[Z(y) - Z(y_0) - E\left[Z(y)\right] + E\left[Z(y_0)\right]\right] \end{bmatrix}$$

$$= E\begin{bmatrix} \left[Z(x) - E\left[Z(x)\right] - \left[Z(y_0) - E\left[Z(y_0)\right]\right]\right] \\ \left[Z(y) - E\left[Z(y)\right] - \left[Z(y_0) - E\left[Z(y_0)\right]\right]\right] \end{bmatrix}$$

$$= E\begin{bmatrix} \left[Z(x) - E\left[Z(x)\right]\right]\left[Z(y) - E\left[Z(y)\right]\right] \\ -\left[Z(x) - E\left[Z(x)\right]\right]\left[Z(y_0) - E\left[Z(y_0)\right]\right] \\ -\left[Z(y_0) - E\left[Z(y_0)\right]\right]\left[Z(y) - E\left[Z(y)\right]\right] \\ +\left[Z(y_0) - E\left[Z(y_0)\right]\right]^2 \end{bmatrix}$$

$$= E\big[Z(x) - E\big[Z(x)\big]\big]\big[Z(y) - E\big[Z(y)\big]\big]$$
$$- E\big[Z(x) - E\big[Z(x)\big]\big]\big[Z(y_0) - E\big[Z(y_0)\big]\big]$$
$$- E\big[Z(y) - E\big[Z(y)\big]\big]\big[Z(y_0) - E\big[Z(y_0)\big]\big]$$
$$+ E\big[Z(y_0) - E\big[Z(y_0)\big]\big]^2$$
$$= C(x,y) - C(x,y_0) - C(y,y_0) + C(y_0,y_0)$$

根据协方差与变差函数的关系，将式（44）代入上式化简可得 $C'(x-y_0,$ $y-y_0) = -\gamma(x,y) + \gamma(x,y_0) + \gamma(y,y_0)$，即式（111）得证。

根据式（111）的结果，估计方差：

$$\sigma_R^2 = D^2\big[Z^*(x) - Z(x)\big]$$
$$= -\sum_{a=1}^{n}\sum_{l=1}^{n}\lambda_a\lambda_l\gamma(x_a,x_l) + 2\sum_{a=1}^{n}\lambda_a\gamma(x_a,x) \tag{112}$$

在满足无偏性条件和估计方差最小的条件下，式（110）和式（112）构成了条件极值问题：

$$F(\lambda_a,\mu_k) = -\sum_{a=1}^{n}\sum_{l=1}^{n}\lambda_a\lambda_l\gamma(x_a,x_l) + 2\sum_{a=1}^{n}\lambda_a\gamma(x_a,x) - 2\sum_{k=0}^{K}\mu_k\left[\sum_{a=0}^{n}\lambda_a f_k(x_a) - f_k(x)\right] \tag{113}$$

对式（113）的参数 λ_a，μ_k 分别求偏导数，并令其结果为零：

$$\begin{cases} \displaystyle\sum_{l=1}^{n}\lambda_l\gamma(x_a,x_l) + \sum_{k=0}^{K}\mu_k f_k(x_a) = \gamma(x_a,x)(a=1,2,\cdots,n) \\ \displaystyle\sum_{a=0}^{n}\lambda_a f_k(x_a) = f_k(x)(k=0,1,\cdots,K) \end{cases} \tag{114}$$

由式（114）解出 λ_a，μ_k，将式（114）第一式乘以 λ_a 并求和，化简可得：

$$\sum_{a=1}^{n}\sum_{l=1}^{n}\lambda_a\lambda_l\gamma(x_a,x_l) = \sum_{a=1}^{n}\lambda_a\gamma(x_a,x) - \sum_{k=0}^{K}\mu_k\sum_{a=1}^{n}\lambda_a f_k(x_a) \tag{115}$$

结合式（114）第二式的结果，化简式（115）可得：

$$\sum_{a=1}^{n}\sum_{l=1}^{n}\lambda_a\lambda_l\gamma(x_a,x_l) = \sum_{a=1}^{n}\lambda_a\gamma(x_a,x) - \sum_{k=0}^{K}\mu_k f_k(x) \tag{116}$$

将式（116）代入式（112）可得估计方差：

$$\sigma_R^2 = \sum_{a=1}^{n} \lambda_a \gamma(x_a, x) + \sum_{k=0}^{K} \mu_k f_k(x) \tag{117}$$

2.5　序贯高斯模拟

克里格方法要求研究数据服从二阶平稳假设或内蕴假设。序贯高斯模拟根据已知区域化变量的频率直方图估计其正态分布参数，借助 Monte Carlo 方法，用计算机产生服从该分布的一次实现，因此序贯高斯模拟更严格地要求数据服从正态分布。该方法又以还原原始数据取值和原始数据的变异函数为己任，故也要服从二阶平稳假设。

2.5.1　序贯高斯模型原理

序贯高斯模拟以 Monte Carlo 方法为基础。首先构造一个概率空间。在该概率空间中确定一个依赖随机变量 x 的统计量，该统计量的期望等于所求值。统计量是样本 x 的函数，它不含未知参数。

对于区域化随机变量而言，定义它的统计量就是它自身，区域化随机变量的每一次取值看作符合高斯函数的一次随机实现，已经实现的模拟值顺序加入累积概率密度函数计算中去，从而保证整个样本空间的取值服从已知分布。单纯的序贯高斯模拟可以保证全局分布的每一次实现能够再现输入数据的高斯分布参数，即全局平均值和方差。但空间变异研究中随机模拟的目的不是求整个区域化变量的数学期望，而是希望反映区域化变量的空间分布格局，忠实再现已知数据及根据已知数据建立的变异函数模型。为此，借助条件概率密度函数，结合 Monte Carlo 方法，当随机变量 x 变化时，概率密度函数也相应变化。在每一个模拟位置 x_m，概率密度函数是以 n 个已知数据 $Z(x_i)(i=1,2,\cdots,n)$ 和 $m-1$ 个模拟值 $Z(x_j)(j=1,2,\cdots,m-1)$ 为条件的累积条件概率密度函数。在序贯高斯条件模拟中，为实现这一点，需要在所有被模拟的格网位置上定义联合分布模型。一个联合分布可以分解为 N 个条件分布的乘积，条件分布的一般概念是对多维的随机变量分布，已知某个或某几个随机变量取值确定的条件下，另外的随机变量的概率分布。对于区域化随机变量而言，条件分布即在已经确知若干个位置的随机变量取值条件下，确定待模拟位置处随机变量的概率分布函数。需要以已知数据为模拟的起始条件，而后续的模拟值不断加入条件中去，重新计算得到新的累积概率密度函数。

累积概率密度函数的计算方法为随机选取第一个模拟值位置，以已知数据为条件，根据联合分布函数和 Monte Carlo 方法算出待估计点的条件期望值，然后加上条件标准差与一个标准正态随机分布的随机数的乘积，得到该点的一次模拟实现。这样做有两个原因：第一，使模拟的结果更为合理，模拟值应该不会正好等于其条件期望，而是围绕条件期望随机波动的数值；第二，将会发现加上一个条件标准差与标准正态随机分布的随机数的乘积，将正好使模拟值的方差弥补克里格方法估值中平滑效应所损失的部分。

根据随机路径依次访问第 j 个网格点，在第 j 个网格节点前 n 个原始数据和前面 $j-1$ 个访问节点获得模拟数据建立条件概率密度函数。根据条件概率密度函数，进行 Monte Carlo 方法随机模拟，随机产生该节点的一个模拟值，直到所有节点均得到一个随机模拟值。这样对所有的区域变量在研究空间上做了一次完整的模拟。该过程确保了模拟值加入数据集后，仍符合已知的高斯分布，而且保证了已知点数据的取值维持不变，还保证模拟值的数学期望等于条件期望。

2.5.2 序贯高斯模拟计算方法

设随机变量 $X = \begin{bmatrix} X_1 & X_2 & \cdots & X_{n+m} \end{bmatrix}$ 是 $(n+m) \times 1$ 的随机向量，服从多元正态分布，其分布函数为

$$X \sim N_{n+m}(\mu, \Sigma) \tag{118}$$

其中，$\mu = E(X)$，$\Sigma = \text{cov}(X_i, X_j)$，$i, j = 1, 2, \cdots, m+n$。

如果将 X 划分为两个部分，$X = \begin{bmatrix} X_1 & X_2 & \cdots & X_n & X_m & X_{m+1} & X_{m+2} & \cdots & X_{n+m} \end{bmatrix}$，将 X、期望和方差按照分组表示：

$$\boldsymbol{\mu} = \begin{bmatrix} \mu_m \\ \mu_n \end{bmatrix} \quad \boldsymbol{\Sigma} = \begin{bmatrix} \boldsymbol{\Sigma}_{mm} & \boldsymbol{\Sigma}_{mm} \\ \boldsymbol{\Sigma}_{mm} & \boldsymbol{\Sigma}_{mm} \end{bmatrix}$$

$$\boldsymbol{\Sigma}_{mm} = \begin{bmatrix} C_{11} & C_{12} & \cdots & C_{1m} \\ C_{21} & C_{22} & \cdots & C_{2m} \\ \cdots & \cdots & \cdots & \cdots \\ C_{m1} & C_{m2} & \cdots & C_{mm} \end{bmatrix} \quad \boldsymbol{\Sigma}_{mn} = \begin{bmatrix} C_{1,1+m} & C_{1,2+m} & \cdots & C_{1,m+m} \\ C_{2,1+m} & C_{2,2+m} & \cdots & C_{2,m+m} \\ \cdots & \cdots & \cdots \\ C_{m,1+m} & C_{m,2+m} & \cdots & C_{m,m+m} \end{bmatrix}$$

根据多元正态条件分布计算定理，在已知 $[X_1 \ X_2 \ \cdots \ X_{m+1} \ X_{m+2} \ \cdots \ X_{n+m}]$ 条件下，X_m 的条件分布服从：

$$X_m \sim N_m \left(\mu_m + \boldsymbol{\Sigma}_{mn} \boldsymbol{\Sigma}_{nn}^{-1} (X_n - \mu_n), \boldsymbol{\Sigma}_{mm} - \boldsymbol{\Sigma}_{mn} \boldsymbol{\Sigma}_{mm}^{-1} \boldsymbol{\Sigma}_{nm} \right) \tag{119}$$

其中，$\mu_m + \boldsymbol{\Sigma}_{mn} \boldsymbol{\Sigma}_{nn}^{-1} (X_n - \mu_n)$ 为 X_m 的条件分布的数学期望，X_m 的条件分布的方差为 $\boldsymbol{\Sigma}_{mm} - \boldsymbol{\Sigma}_{mn} \boldsymbol{\Sigma}_{mm}^{-1} \boldsymbol{\Sigma}_{nm}$。

令 X_m 位置处的模拟值 $Z^{'}(X_m)$ 等于该处条件概率分布函数的期望值加上随机数 ξ_m 与该条件概率分布函数标准差的乘积。其中，$\xi_m \sim N(0,1)$ 为标准正态分布，则模拟值：

$$Z^{'}(X_m) = \mu_m + \boldsymbol{\Sigma}_{mn} \boldsymbol{\Sigma}_{nn}^{-1} (X_n - \mu_n) + \xi_m \sqrt{\boldsymbol{\Sigma}_{mm} - \boldsymbol{\Sigma}_{mn} \boldsymbol{\Sigma}_{nn}^{-1} \boldsymbol{\Sigma}_{nm}} \tag{120}$$

对区域化变量而言，μ_m 等于 X_m 位置的期望值 $m(X_m)$，$\boldsymbol{\Sigma}_{mn}$ 是待模型点与已知点的协方差矩阵，可以写成 $C(X_m, X_j)$，$(j=1,2,\cdots,n)$，其中，m 为模拟位置，一次只能取一个值，而 n 的值随着被模拟的值不断加入已知条件矩阵而不断增大。$\boldsymbol{\Sigma}_{nn}$ 为已知点的协方差矩阵，可以写成 $C(X_i, X_j)(i,j=1,2,\cdots,n)$，因此式（120）可表示为

$$Z^{'}(X_m) = m(X_m) + C(X_m, X_j) C^{-1}(X_i, X_j)(Z(X_i) - m(X_i)) + \\ \xi_m \sqrt{C(X_m, X_m) - C(X_m, X_j) C^{-1}(X_i, X_j) C(X_j, X_m)} \tag{121}$$

随着不断有模拟值产生，已知点的容量将从 n 不断增加至 $n+1$，$n+2$，$\cdots$，$n+m-1$。

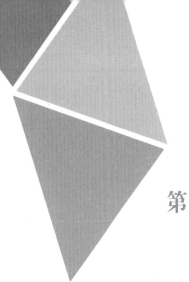

第 3 章　研究工区基本情况

3.1　工区的开发历程

　　X油田2000年被发现，其勘探开发主要经历了四个阶段，即第一阶段1.5×10^5 t方案编制实施、全油田2×10^5 t方案编制实施滚动增储上产、全油田5×10^5 t产能方案编制及实施。

　　到2017年7月，X油田砂岩油藏共钻井78口，其中直井50口，水平井28口，目前采油井70口，累积采油2.448×10^5 m³；2006年8月开始注水，目前注水井8口，累积注水6.68×10^4 m³。X砂岩油藏投产以后，油藏压力持续下降，压降逐渐增加，高产井区压降最明显。2006年8月开始注水后，尤其是2008年1月以来的注水措施，已经明显缓解高产区的压降。

3.2　构造特征

　　X砂岩油藏为一小型的地层加背斜构造复合圈闭，油藏整体具有向西北倾斜的统一油水界面，含油面积79.6 km²。含油范围既受岩性尖灭线限制，也受构造和油水界面控制（见图11）。

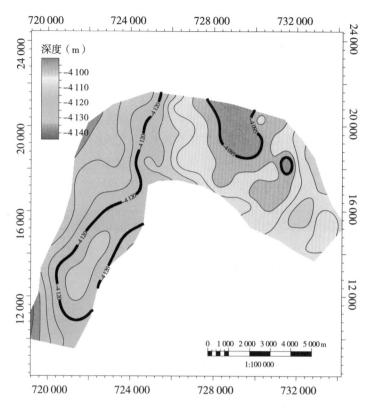

图 11　X 砂岩油藏顶面构造图

3.3　地层特征

3.3.1　层序界面的识别与划分

层序地层学研究的一个重要内容就是层序界面的识别，确定了层序界面，也就确定了界面之间的实体。根据界面的类型、级别及展布可确定层序的类型及级别。

这是一种常见且重要的界面类型，反映地层之间有较大的沉积间断，它是将较老的地层和较新的地层分开的面，存在地表剥蚀的证据，研究区在 X 砂岩的顶、底均存在一个不整合面，底部不整合面为砂体上超不整合面，顶部不整合面为削蚀不整合面。底部不整合面在岩芯上表现为褐色细砂岩或褐色泥质粉砂岩，岩性一般为灰色细砂岩。常规测井曲线特征表现为 RT 突然偏低，SP 远离基线，自然伽马值突然偏低，倾角测井矢量图中地层倾角也发生变化，出现倾角和倾向的突变。该界面在本区分布稳定，而且在地震剖面上也极易识别其上超的特征，因此该不整合面是划分全区层序的标志性 I 类层序界面。在上下两个准层序内部，根据取芯井中岩芯观察岩性、沉积构造及物性变化，结合测井曲线形态变化，划分出次一级小层界面。在下部准层序 I 内，以各物性夹层顶为小层界面，划分出 5 个小层（见图 12）。

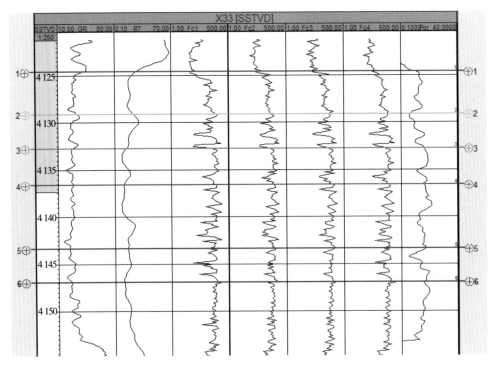

图 12　X33 井单井地层划分

3.3.2　小层对比及砂层厚度分布

根据以上高分辨层序地层研究结果，针对 X 砂岩油藏，采用测井曲线组合对比的方法，首先从连接取芯井的骨架剖面出发，确定全区闭合的精细地层划分对比方案，进而扩展到全区 78 口直井，建立 X 砂岩油藏精细地层格架（见图 13）。

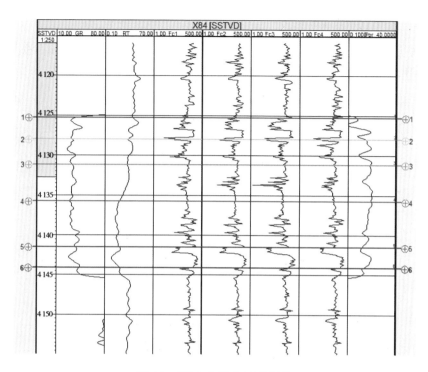

图 13　X84 井单井地层划分

1.X 砂岩油藏厚度分布特征

研究区内 X 砂岩油藏厚度为 8 ~ 26 m，总体上具有由西向东、由南向北逐渐减薄的趋势（见图 14），自下而上划分为 5 个砂层。

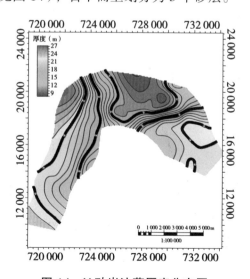

图 14　X 砂岩油藏厚度分布图

2.各小层厚度分布特征

1 小层：砂层分布在全区域，厚度 0.51～7.23 m，平均 6.71 m，在油藏范围内钻遇厚度小于 5 m（见图 15）。

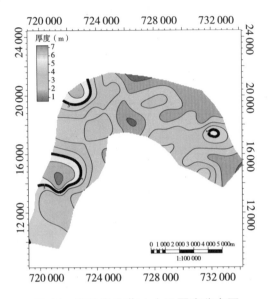

图 15 X 砂岩油藏 1 小层厚度分布图

2 小层：砂层分布在全区域，厚度 1.24～5.58 m，平均 4.31 m，在油藏范围内钻遇厚度小于 3.8 m（见图 16）。

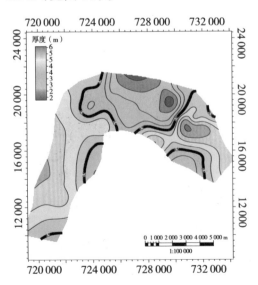

图 16 X 砂岩油藏 2 小层厚度分布图

3 小层：砂层分布在全区域，厚度 2.02 ～ 5.89 m，平均 3.87 m，在油藏范围内钻遇厚度小于 2.9 m（见图 17）。

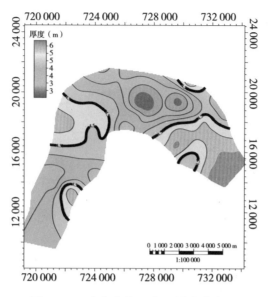

图 17　X 砂岩油藏 3 小层厚度分布图

4 小层：砂层分布在全区域，厚度 0.72 ～ 9.32 m，平均 8.59 m，在油藏范围内钻遇厚度小于 7.2 m（见图 18）。

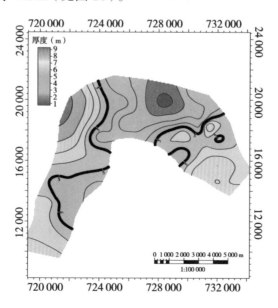

图 18　X 砂岩油藏 4 小层厚度分布图

5 小层：砂层分布在全区域，厚度 0.17 ～ 4.13 m，平均 3.96 m，在油藏范围内钻遇厚度小于 3.2 m（见图 19）。

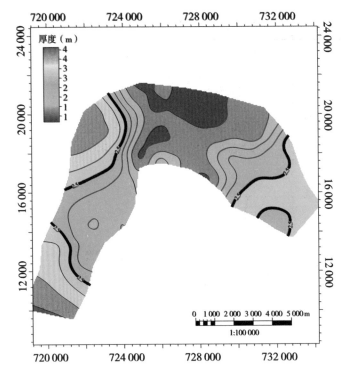

图 19　X 砂岩油藏 5 小层厚度分布图

3.4　基础数据

3.4.1　井位数据

X 砂岩油藏共计有 78 口井，其中部分井的直井与斜井是同一个井位，还有部分井位于同一个井场而钻不同的方向。在建模过程中，通过筛选，选出该区域具有代表性的 38 口井进行建模，具体井位数据如表 1 所示，具体井位的分布如图 20 所示，以下工区的数据与文献 [147] 一致，来自同一个研究工区。

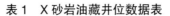

表 1　X 砂岩油藏井位数据表

井名	X 坐标 /m	Y 坐标 /m	补心海拔 /m
X2	732 445.1	18 281.8	950.12
X16	728 553.7	19 333.94	952.7
X24	730 933.7	18 838.1	950.5
X39	727 081	19 069.3	955.15
X40	730 278	20 221.8	950.42
X41	731 341.9	181 68	950.33
X42	730 840.6	180 13	951.67
X43	729 488.5	16 196.3	954.37
X44	720 767.5	13 173.6	954.59
X46	726 716.3	183 78	953.57
X50	726 202.5	21 045.3	952.89
X51	725 765.9	19 899.6	951.84
X52	730 249.5	15 491.1	949.86
X53	721 303.7	13 665.7	954.04
X54	729 090.36	18 492.11	950.64
X55	724 850.1	20 110.52	951.32
X56	725 621.5	18 583.54	953.25
X58	726 055.8	176 68	951.59
X60	732 039.6	17 157.14	951.75
X61	731 999.1	16 008.44	951.59
X62	731 850.3	15 047.24	951.26
X63	723 564.2	14 263.54	953.19
X64	729 404.3	17 707.2	952.95
X70	722 836.9	19 752.74	954.06
X77	721 534.5	12 639.7	956.19

井名	X 坐标 /m	Y 坐标 /m	补心海拔 /m
X78	729 766.3	19 429.6	950.6
X82	724 362.6	20 800.24	952.43
X83	725 385.73	20 447.89	951.93
X84	723 980.2	18 851.3	954.01
X85	724 642.1	18 142.34	953.64
X86	728 869.8	16 929.3	952.03
X87	723 976.7	17 389.3	952.43
X88	724 050.4	16 467.1	956.01
X89	722 097.7	13 487.7	952.35
X33	720 936.6	10 493.5	953.56
X36	722 026.8	173 28	953.09
X37	733 262.4	14 866.4	950.93
X90	722 183.5	14 540.3	953.65

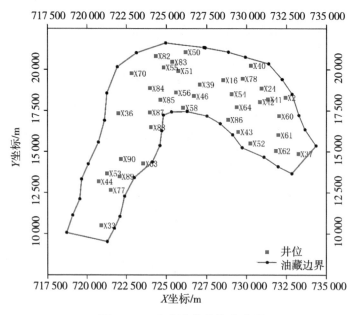

图 20　X 砂岩油藏井位分布图

3.4.2　构造边界数据

对 X 砂岩油藏所选取 38 口井，结合沉积相分布情况，对油藏的边界进行圈定，油藏边界的数据如表 2 所示。

表 2　X 砂岩油藏边界数据表

序号	X 坐标 /m	Y 坐标 /m	序号	X 坐标 /m	Y 坐标 /m
1	722 110.930	11 053.110	20	732 855.350	18 494.660
2	722 402.420	12 282.780	21	732 226.260	19 398.120
3	722 992.990	13 420.170	22	731 372.120	20 337.670
4	724 130.390	14 382.580	23	729 921.070	20 740.460
5	724 611.590	15 366.860	24	728 870.670	21 044.790
6	724 720.950	16 263.650	25	727 414.960	21 315.540
7	724 830.320	17 226.060	26	724 961.560	21 622.520
8	725 333.400	17 422.920	27	723 124.230	21 010.080
9	726 295.810	17 444.790	28	721 943.090	20 157.030
10	727 520.690	17 160.440	29	721 286.910	18 560.310
11	728 351.860	16 701.110	30	721 133.790	16 897.970
12	729 139.290	16 023.050	31	720 740.080	15 563.720
13	729 729.860	15 235.620	32	720 083.890	14 251.340
14	731 079.780	14 664.540	33	719 668.310	13 332.680
15	731 975.150	14 091.560	34	719 551.800	12 117.770
16	732 838.200	13 670.280	35	719 111.980	11 136.350
17	734 359.300	15 361.580	36	718 718.300	10 070.270
18	733 666.070	16 336.350	37	721 313.970	9 530.120
19	733 279.030	17 204.630	38	721 757.630	10 337.970

3.4.3 分层数据

根据 X 砂岩油藏地层对比方案，对全区域的所有井进行地层的划分与对比，进而扩展到全区所有直井，建立 X 砂岩油藏精细地层格架，具体的地层划分数据如表 3 所示。

表 3　X 砂岩油藏地层对比数据表

井名	层位	X 坐标 /m	Y 坐标 /m	Z 坐标 /m	深度 /m
X16	1	728 553.72	19 334.25	−4 093.69	5 046.39
X16	2	728 553.7	19 334.25	−4 096.7	5 049.4
X16	3	728 553.69	19 334.24	−4 098.96	5 051.66
X16	4	728 553.67	19 334.24	−4 101.95	5 054.66
X16	5	728 553.66	19 334.24	−4 103.35	5 056.05
X16	6	728 553.66	19 334.23	−4 103.82	5 056.53
X2	1	732 445.16	18 280.91	−4 110.17	5 060.3
X2	2	732 445.17	18 280.86	−4 112.64	5 062.77
X2	3	732 445.18	18 280.79	−4 116.53	5 066.66
X2	4	732 445.19	18 280.72	−4 120.64	5 070.77
X2	5	732 445.22	18 280.63	−4 126.46	5 076.59
X2	6	732 445.23	18 280.59	−4 129.01	5 079.14
X24	1	730 933.65	18 838.08	−4 101.29	5 051.79
X24	2	730 933.65	18 838.08	−4 103.28	5 053.78
X24	3	730 933.66	18 838.08	−4 107.24	5 057.74
X24	4	730 933.66	18 838.09	−4 111.01	5 061.51
X24	5	730 933.66	18 838.09	−4 114.1	5 064.6
X24	6	730 933.66	18 838.09	−4 114.94	5 065.44
X33	1	720 935.92	10 493.49	−4 124.63	5 078.19
X33	2	720 935.87	10 493.49	−4 129.1	5 082.66
X33	3	720 935.82	10 493.47	−4 132.76	5 086.33

井名	层位	X 坐标 /m	Y 坐标 /m	Z 坐标 /m	深度 /m
X33	4	720 935.77	10 493.46	−4 136.62	5 090.19
X33	5	720 935.7	10 493.41	−4 143.39	5 096.96
X33	6	720 935.67	10 493.38	−4 146.94	5 100.51
X36	1	722 027.15	17 327.7	−4 126.91	5 080
X36	2	722 027.16	17 327.69	−4 129.33	5 082.42
X36	3	722 027.19	17 327.69	−4 133.83	5 086.92
X36	4	722 027.21	17 327.68	−4 138.82	5 091.91
X36	5	722 027.25	17 327.65	−4 146.52	5 099.61
X36	6	722 027.28	17 327.63	−4 149.5	5 102.59
X37	1	733 262.5	14 866.32	−4 104.26	5 055.19
X37	2	733 262.51	14 866.32	−4 105.57	5 056.5
X37	3	733 262.52	14 866.35	−4 110.09	5 061.02
X37	4	733 262.53	14 866.37	−4 115.8	5 066.73
X37	5	733 262.51	14 866.39	−4 122.74	5 073.67
X37	6	733 262.5	14 866.39	−4 125.37	5 076.3
X39	1	727 082.71	19 069.46	−4 104.82	5 060
X39	2	727 082.8	19 069.47	−4 107.54	5 062.72
X39	3	727 082.89	19 069.48	−4 110.12	5 065.3
X39	4	727 082.96	19 069.48	−4 112.4	5 067.58
X39	5	727 083.04	19 069.49	−4 114.77	5 069.95
X39	6	727 083.06	19 069.49	−4 115.43	5 070.61
X40	1	730 277.6	20 221.78	−4 101.17	5 051.59
X40	2	730 277.6	20 221.76	−4 102.72	5 053.15
X40	3	730 277.6	20 221.74	−4 105.55	5 055.97
X40	4	730 277.61	20 221.69	−4 110.04	5 060.46
X40	5	730 277.63	20 221.68	−4 113.31	5 063.73

井名	层位	X 坐标 /m	Y 坐标 /m	Z 坐标 /m	深度 /m
X40	6	730 277.64	20 221.68	−4 114.14	5 064.56
X41	1	731 341.33	18 167.74	−4 092.17	5 042.5
X41	2	731 341.31	18 167.74	−4 093.85	5 044.18
X41	3	731 341.25	18 167.72	−4 098.08	5 048.41
X41	4	731 341.18	18 167.7	−4 102.99	5 053.32
X41	5	731 341.09	18 167.67	−4 110.47	5 060.81
X41	6	731 341.06	18 167.66	−4 112.37	5 062.71
X42	1	730 840.43	18 013.09	−4 101.79	5 053.46
X42	2	730 840.42	18 013.08	−4 104.54	5 056.21
X42	3	730 840.42	18 013.08	−4 109.82	5 061.49
X42	4	730 840.42	18 013.08	−4 114.42	5 066.09
X42	5	730 840.42	18 013.09	−4 119.11	5 070.78
X42	6	730 840.43	18 013.09	−4 120.86	5 072.53
X43	1	729 488.32	16 196.83	−4 108.13	5 062.5
X43	2	729 488.29	16 196.87	−4 112	5 066.37
X43	3	729 488.27	16 196.9	−4 115.92	5 070.29
X43	4	729 488.23	16 196.96	−4 121.34	5 075.71
X43	5	729 488.2	16 197	−4 125.76	5 080.13
X43	6	729 488.19	16 197.02	−4 127.6	5 081.97
X44	1	720 767.54	13 173.47	−4 124.04	5 078.64
X44	2	720 767.54	13 173.45	−4 127.46	5 082.06
X44	3	720 767.56	13 173.43	−4 132.15	5 086.75
X44	4	720 767.57	13 173.41	−4 135.72	5 090.32
X44	5	720 767.56	13 173.43	−4 141.77	5 096.37
X44	6	720 767.55	13 173.44	−4 144.69	5 099.29
X46	1	726 716.66	18 377.59	−4 100.63	5 054.2

井名	层位	X 坐标 /m	Y 坐标 /m	Z 坐标 /m	深度 /m
X46	2	726 716.66	18 377.58	−4 101.77	5 055.34
X46	3	726 716.68	18 377.56	−4 104.4	5 057.97
X46	4	726 716.7	18 377.53	−4 108.12	5 061.69
X46	5	726 716.71	18 377.51	−4 110.96	5 064.53
X46	6	726 716.71	18 377.51	−4 111.58	5 065.16
X50	1	726 198.98	21 044.45	−4 106.98	5 060
X50	2	726 199.9	21 044.68	−4 108.3	5 061.27
X50	3	726 199.84	21 044.67	−4 110.08	5 063.05
X50	4	726 199.72	21 044.64	−4 113.63	5 066.61
X50	5	726 199.62	21 044.62	−4 116.55	5 069.53
X50	6	726 199.61	21 044.62	−4 117.09	5 070.06
X51	1	725 766.46	19 899.88	−4 112.63	5 064.47
X51	2	725 766.48	19 899.89	−4 114.87	5 066.71
X51	3	725 766.51	19 899.91	−4 117.47	5 069.31
X51	4	725 766.55	19 899.93	−4 121.02	5 072.86
X51	5	725 766.6	19 899.95	−4 125.16	5 077
X51	6	725 766.35	19 899.82	−4 125.71	5 077.55
X52	1	730 249.73	15 491.06	−4 103.75	5 053.61
X52	2	730 249.74	15 491.05	−4 106.64	5 056.5
X52	3	730 249.75	15 491.05	−4 109.58	5 059.44
X52	4	730 249.77	15 491.05	−4 113.77	5 063.63
X52	5	730 249.79	15 491.04	−4 120.51	5 070.37
X52	6	730 249.8	15 491.04	−4 123.25	5 073.11
X53	1	721 305.41	13 666.36	−4 117.88	5 071.94
X53	2	721 305.52	13 666.34	−4 124.17	5 078.23
X53	3	721 305.6	13 666.32	−4 129.04	5 083.1

续　表

井名	层位	X 坐标 /m	Y 坐标 /m	Z 坐标 /m	深度 /m
X53	4	721 305.67	13 666.31	−4 132.53	5 086.6
X53	5	721 305.76	13 666.3	−4 136.77	5 090.84
X53	6	721 305.8	13 666.29	−4 138.87	5 092.94
X54	1	729 090.41	18 492.1	−4 095.86	5 046.5
X54	2	729 090.39	18 492.11	−4 097.4	5 048.04
X54	3	729 090.39	18 492.11	−4 099.54	5 050.18
X54	4	729 090.4	18 492.11	−4 102.99	5 053.63
X54	5	729 090.44	18 492.1	−4 106.59	5 057.23
X54	6	729 090.4	18 492.11	−4 107.69	5 058.33
X55	1	724 849.8	20 110.46	−4 119.71	5 071.03
X55	2	724 849.79	20 110.46	−4 123.02	5 074.34
X55	3	724 849.77	20 110.46	−4 126.13	5 077.45
X55	4	724 849.74	20 110.46	−4 129.9	5 081.22
X55	5	724 849.72	20 110.45	−4 134.3	5 085.62
X55	6	724 849.88	20 110.48	−4 135.52	5 086.84
X56	1	725 622.33	18 583.67	−4 114.9	5 068.16
X56	2	725 622.06	18 583.63	−4 116.54	5 069.79
X56	3	725 622.4	18 583.68	−4 119.73	5 072.99
X56	4	725 622.46	18 583.69	−4 123.71	5 076.97
X56	5	725 622.14	18 583.64	−4 126.3	5 079.56
X56	6	725 622.14	18 583.64	−4 126.76	5 080.02
X58	1	726 055.2	17 667.58	−4 113.39	5 064.99
X58	2	726 055.4	17 667.69	−4 115.08	5 066.68
X58	3	726 055.14	17 667.54	−4 118.33	5 069.93
X58	4	726 055.1	17 667.52	−4 121.55	5 073.15
X58	5	726 055.34	17 667.65	−4 124.95	5 076.54

续　表

井名	层位	X 坐标 /m	Y 坐标 /m	Z 坐标 /m	深度 /m
X58	6	726 055.04	17 667.48	−4 126.5	5 078.1
X60	1	732 039.2	17 156.87	−4 103.78	5 055.53
X60	2	732 039.18	17 156.88	−4 108.69	5 060.44
X60	3	732 039.16	17 156.87	−4 113.88	5 065.63
X60	4	732 039.15	17 156.86	−4 118.95	5 070.7
X60	5	732 039.14	17 156.85	−4 124.18	5 075.93
X60	6	732 039.13	17 156.85	−4 126.42	5 078.17
X61	1	731 999.13	16 008.69	−4 113.29	5 064.88
X61	2	731 999.14	16 008.62	−4 115.42	5 067.01
X61	3	731 999.14	16 008.63	−4 119.32	5 070.91
X61	4	731 999.11	16 008.74	−4 124.59	5 076.18
X61	5	731 999.1	16 008.77	−4 132.24	5 083.83
X61	6	731 999.09	16 008.78	−4 135.18	5 086.77
X62	1	731 850.57	15 047.18	−4 109.24	5 060.5
X62	2	731 850.59	15 047.17	−4 112.81	5 064.07
X62	3	731 850.61	15 047.17	−4 116.18	5 067.44
X62	4	731 850.64	15 047.16	−4 121.6	5 072.86
X62	5	731 850.68	15 047.15	−4 128.83	5 080.09
X62	6	731 850.69	15 047.15	−4 131.19	5 082.45
X63	1	723 563.53	14 262.97	−4 122.6	5 075.8
X63	2	723 563.47	14 262.94	−4 125.56	5 078.75
X63	3	723 563.42	14 262.91	−4 128.88	5 082.08
X63	4	723 563.36	14 262.88	−4 132.4	5 085.6
X63	5	723 563.3	14 262.83	−4 136.25	5 089.45
X63	6	723 563.27	14 262.81	−4 138.13	5 091.33
X64	1	729 404.49	17 707.24	−4 101.96	5 054.91

井名	层位	X 坐标 /m	Y 坐标 /m	Z 坐标 /m	深度 /m
X64	2	729 404.48	17 707.23	−4 105.21	5 058.16
X64	3	729 404.48	17 707.22	−4 108.31	5 061.26
X64	4	729 404.47	17 707.21	−4 113.04	5 065.99
X64	5	729 404.47	17 707.18	−4 119.34	5 072.29
X64	6	729 404.47	17 707.17	−4 121.26	5 074.21
X70	1	722 837.27	19 752.31	−4 131.79	5 085.85
X70	2	722 837.31	19 752.25	−4 137.58	5 091.64
X70	3	722 837.34	19 752.2	−4 141.39	5 095.45
X70	4	722 837.37	19 752.15	−4 145.59	5 099.65
X70	5	722 837.43	19 752.08	−4 153.89	5 107.96
X70	6	722 837.45	19 752.04	−4 157.45	5 111.52
X77	1	721 534.07	12 640.45	−4 111.83	5 068.03
X77	2	721 534.04	12 640.48	−4 115.37	5 071.57
X77	3	721 534	12 640.51	−4 120.1	5 076.3
X77	4	721 533.97	12 640.53	−4 124.42	5 080.62
X77	5	721 533.95	12 640.55	−4 128.9	5 085.1
X77	6	721 533.94	12 640.57	−4 130.95	5 087.15
X78	1	729 766.11	19 429.34	−4 091.65	5 042.25
X78	2	729 766.12	19 429.32	−4 093.78	5 044.38
X78	3	729 766.12	19 429.3	−4 095.16	5 045.76
X78	4	729 766.14	19 429.27	−4 097.6	5 048.2
X78	5	729 766.15	19 429.25	−4 099.77	5 050.37
X78	6	729 766.15	19 429.24	−4 100.43	5 051.03
X82	1	724 362.55	20 800.27	−4 125.48	5 077.91
X82	2	724 362.57	20 800.27	−4 128.69	5 081.12
X82	3	724 362.57	20 800.27	−4 132.27	5 084.7

井名	层位	X 坐标 /m	Y 坐标 /m	Z 坐标 /m	深度 /m
X82	4	724 362.56	20 800.25	−4 135.58	5 088.01
X82	5	724 362.56	20 800.19	−4 140.05	5 092.48
X82	6	724 362.57	20 800.18	−4 141.17	5 093.6
X83	1	725 386.1	20 446.96	−4 117.96	5 069.9
X83	2	725 386.11	20 446.89	−4 121.42	5 073.36
X83	3	725 386.12	20 446.84	−4 123.81	5 075.75
X83	4	725 386.14	20 446.77	−4 127.37	5 079.31
X83	5	725 386.15	20 446.7	−4 131.3	5 083.24
X83	6	725 386.15	20 446.69	−4 131.79	5 083.74
X84	1	723 980.41	18 851.16	−4 125.26	5 079.28
X84	2	723 980.41	18 851.16	−4 128.02	5 082.04
X84	3	723 980.43	18 851.16	−4 131.16	5 085.17
X84	4	723 980.45	18 851.18	−4 135.78	5 089.79
X84	5	723 980.49	18 851.19	−4 141.51	5 095.52
X84	6	723 980.51	18 851.2	−4 144.12	5 098.13
X85	1	724 641.98	18 142.49	−4 115.86	5 069.5
X85	2	724 641.99	18 142.47	−4 119.4	5 073.04
X85	3	724 642	18 142.45	−4 123.56	5 077.2
X85	4	724 642.02	18 142.44	−4 128.21	5 081.85
X85	5	724 642.04	18 142.43	−4 132.41	5 086.05
X85	6	724 642.04	18 142.43	−4 133.15	5 086.79
X86	1	728 870	16 929.58	−4 104.77	5 056.8
X86	2	728 870.02	16 929.6	−4 108.58	5 060.61
X86	3	728 870.05	16 929.64	−4 113.14	5 065.17
X86	4	728 870.07	16 929.68	−4 117.97	5 070
X86	5	728 870.1	16 929.71	−4 123.65	5 075.68

井名	层位	X 坐标 /m	Y 坐标 /m	Z 坐标 /m	深度 /m
X86	6	728 870.11	16 929.72	−4 124.58	5 076.61
X87	1	723 977.16	17 389.45	−4 125.36	5 077.79
X87	2	723 977.2	17 389.46	−4 129.06	5 081.49
X87	3	723 977.24	17 389.48	−4 133.22	5 085.65
X87	4	723 977.28	17 389.5	−4 137.64	5 090.07
X87	5	723 977.32	17 389.53	−4 141.48	5 093.91
X87	6	723 977.33	17 389.54	−4 143.43	5 095.86
X88	1	724 050.39	16 467.1	−4 118.99	5 075
X88	2	724 050.4	16 467.1	−4 121.35	5 077.36
X88	3	724 050.42	16 467.1	−4 124.93	5 080.94
X88	4	724 050.43	16 467.08	−4 129.38	5 085.39
X88	5	724 050.44	16 467.07	−4 134.88	5 090.89
X88	6	724 050.43	16 467.06	−4 136.6	5 092.61
X89	1	722 097.29	13 486.46	−4 114.64	5 067.01
X89	2	722 097.27	13 486.38	−4 118.25	5 070.62
X89	3	722 097.24	13 486.29	−4 122.65	5 075.02
X89	4	722 097.21	13 486.19	−4 127.56	5 079.93
X89	5	722 097.18	13 486.11	−4 132.07	5 084.44
X89	6	722 097.17	13 486.07	−4 133.87	5 086.24
X90	1	722 183.45	14 540.25	−4 114.54	5 068.19
X90	2	722 183.45	14 540.24	−4 120.94	5 074.59
X90	3	722 183.46	14 540.23	−4 125.31	5 078.96
X90	4	722 183.47	14 540.22	−4 128.91	5 082.56
X90	5	722 183.48	14 540.23	−4 133.55	5 087.2
X90	6	722 183.49	14 540.23	−4 135.06	5 088.71

3.5　储层特征

3.5.1　储层岩性特征

X 砂岩油藏储层为灰色、灰白色细砂岩、中砂质细砂岩和灰质细砂岩，岩石类型主要为岩屑石英砂岩，极少部分为长石岩屑砂岩，具有成分成熟度高、结构成熟度中等—高的特点；填隙物含量少，平均为 9.7%，类型以胶结物为主；胶结类型以接触 – 孔隙式为主，见到少量的薄膜式，颗粒之间为点—线接触；储层黏土矿物组合为伊利石 – 伊 / 蒙混层 – 高岭石 – 绿泥石组合，黏土矿物组合特点是在含油岩芯中高岭石含量高，黏土矿物以高岭石及伊 / 蒙混层为主，在不含油岩芯中以伊利石和伊 / 蒙混层为主。

3.5.2　储层物性特征

根据 X 砂岩油藏 15 口井 1 267 块岩心常规物性分析化验资料，储层孔隙度分布区间主要为 12.5% ～ 22%，平均 13.9%，孔隙度 12.5% ～ 22% 的样品占总样品数的 64.33%，8.68% 的样品孔隙度大于 22%。渗透率分布区间主要为 8×10^{-3} ～ 800×10^{-3} μm^2，最高达 $2\,410 \times 10^{-3}$ μm^2，平均 222×10^{-3} μm^2，渗透率在 8×10^{-3} ～ 800×10^{-3} μm^2 的样品占总样品数的 66.69%，57.62% 的样品渗透率大于 $1\,000 \times 10^{-3}$ μm^2。样品中孔隙度小于 10% 的占 24.7%，渗透率小于 5×10^{-3} μm^2 的占 24.47%，中孔、中高渗储层占总储层的 57% 以上，X 砂岩油藏储层物性以中孔、中高渗为主，见表 4。

表 4　X 砂岩油藏储层物性统计表

井号	孔隙度 /%					渗透率 /（$10^{-3}/\mu m^2$）			
	样品数	max	min	avg	15% 以上样品百分数	max	min	avg	100 mD 以上样品百分数
X16	145	23.11	3.71	16.97	75.86	2 040	0.213	382.165	78.62

续　表

井号	孔隙度 /%					渗透率 /（10⁻³/μm²）			
	样品数	max	min	avg	15% 以上样品百分数	max	min	avg	100 mD 以上样品百分数
X24	26	20.86	3.67	14.30	76.9	1 070	0.354	239.406	73.08
X39	7	21.39	6.32	14.17	57.14	1 090	1.83	428.54	57.14
X40	39	21.99	2.51	13.36	51.28	1 620	0.068	275.23	48.72
X46	79	21.52	2.09	13.66	46.84	1 420	0.116	251.47	55.7
X52	14	18.52	5.95	12.82	36	141	0.16	18.21	7.14
X55	56	20.2	1.99	12.31	30.35	657.32	0.061 2	77.060 9	21.422
X56	78	20.5	1.80	13.19	43.59	943	0.07	139.586	57.69
X58	154	22.12	2.05	13.83	55.84	1 247	0.061 4	133.017	27.92
X64	55	21.18	1.67	14.64	55.55	1 301	0.235	206.23	45.45
X77	90	21.61	2.43	13.76	46.47	1 330	0.04	250.23	46.67
X78	61	21.03	2.59	15.89	67.21	741	0.312	186.84	52.46
X82	62	19.3	1.46	10.18	30.65	752.1	0.03	60.82	16.13
X88	100	20.97	2.52	11.81	36	1 463.8	0.013	34.54	27
X89	65	22.26	1.43	10.77	33.84	327	0.032	45.95	13.85

根据 X 砂岩储层的实际情况，以测试分析数据和测井解释孔、渗下限为依据，并参照石油天然气行业标准中含油气储层评价标准，确定 X 砂岩油藏储层评价标准。

Ⅰ类储层孔隙度大于或等于 15%，渗透率大于或等于 100×10^{-3} μm²，为中孔中高渗的好储层。Ⅱ类储层孔隙度为 10% ～ 15%，渗透率为 10×10^{-3} ～ 100×10^{-3} μm²，为低孔中渗的较好储层。Ⅲ类储层孔隙度为 8% ～ 10%，渗透率为 5×10^{-3} ～ 10×10^{-3} μm²，为特低孔低渗的中等储层。Ⅳ类储层孔隙度小于 8%，渗透率小于 5×10^{-3} μm²，为特低孔特低渗的较差储层的非有效储层。X 砂岩油藏储层以Ⅰ、Ⅱ类为主，Ⅲ、Ⅳ类基本不发育，整体上为一套较好的储集体（见表 5、表 6）。

表 5　X 砂岩油藏储层物评价标准（定量）

类别	I	II	III	IV
面孔率 /%	≥ 10	8 ～ 10	5 ～ 8	< 5
孔隙度 /%	≥ 15	10 ～ 15	8 ～ 10	< 8
渗透率 /$10^{-3}\mu m^2$	100	10 ～ 100	5 ～ 10	< 5
排驱压力 /MPa	< 0.1	0.1 ～ 0.4	0.4 ～ 1	> 1
饱和度中值毛管压力 /MPa	< 0.1	0.2 ～ 1	1 ～ 3	> 3
主要流通孔喉半径 /μm	6.3 ～ 40	1 ～ 16	0.25 ～ 4	0.063 ～ 1
平均喉道半径 /μm	16 ～ 25	4 ～ 16	1 ～ 4	< 1

表 6　X 砂岩油藏储层物评价标准（定性）

类别	I	II	III	IV
平均孔径区间 /mm	0.05 ～ 0.1	0.02 ～ 0.05	0.01 ～ 0.02	< 0.01
孔喉分级	中细孔 中喉	中细孔 中小喉	细孔 小喉	微细孔 微喉
孔隙特征	原生粒间孔 粒间溶孔	粒间溶孔 粒内溶孔	粒内溶孔 微空隙	微空隙
评价	好	较好	一般	差
储层类型	中孔中渗 中孔高渗	低孔中渗	特低孔低渗	致密

3.5.3　储层测井解释

在取芯过程中，由于存在岩芯收获率（< 100%）的问题，岩芯在地表低温、低压下的膨胀，人为因素及记取岩样时的深度误差造成岩芯分析深度已不再是原始地层状态下的深度，而是发生了移动，测井曲线深度也易受仪器刻度、电缆绳伸缩、井眼不规则条件影响。所以，在这两个不同深度系统下取得的各种不同数据相互间的深度相差较大。深度是综合研究地质资料、测井资料的纽带，必须使钻井岩芯分析深度与测井曲线深度大致归位对应。由于钻井取芯分析参数是反映目的层上某一点上的储层孔渗性，而测井曲线的某一采样点是周围地层因素、井眼因素等一段深度范围内的综合，分辨率明显低于钻井取芯，所以以测井曲线为基础，将岩芯分析参数同测井曲线相匹配来校正岩芯分

析深度，这个过程就是岩芯深度归位。

1.岩性归位校正

在研究区的15口取芯井岩芯物性分析数据中，有11口井的岩芯分析孔隙度、渗透率未进行岩芯深度归位校正。根据研究需要，本次研究结合密度、中子和声波测井曲线特征对11取芯井重新进行了岩芯深度归位校正，如图21所示。

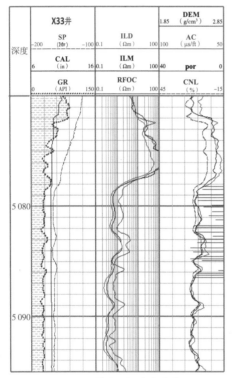 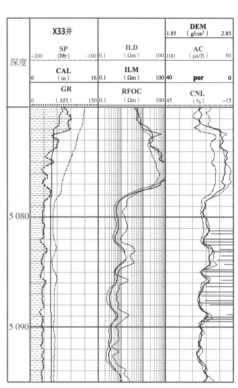

（a）X33井岩芯深度归位前　　　　　　（b）X33井岩芯深度归位后

图21　X33井岩芯深度归位前后对比图

2.测井曲线的标准化

由于每口井测井曲线所测时间、深度、井下环境及仪器系列等均不同，同样属性的测井曲线在不同井中虽然都经过了编辑和环境校正，仍存在着仪器刻度误差，还可能存在操作不当和环境校正不完善等情况下所造成的同一类测井曲线对同类地层的井间差异增大，这种误差一般属于系统误差，需要进一步消除测井曲线上这些与地层性质无关的响应，使测井曲线在所研究的区域范围内有一个统一的刻度标准。这个标准通常是选定的关键井或分布稳定、响应显著、各井都存在的一些标准层。以标准层或关键井曲线为模板，可对其余井的测井数据进行标准化处理。

测井资料标准化的方法很多，比较常用的方法有交会图法、直方图法、趋势面法及正态分布法等。X 砂岩油藏纵横向分布具有强非均质性，难以找到标志层对测井资料进行标准化，但是通过对该区各井测井曲线的大量观察、统计分析，可以选择石炭系标准灰岩段作为相对标准层，该灰岩段在电性上表现为低伽马值、三孔隙度测井曲线响应基本接近灰岩骨架值、较高的电阻率（达上千欧姆米以上）、深浅电阻率无差异或负差异、规则井径等特征，与其他层段有明显区别。

针对研究区的测井资料和岩性特点，将该区内各井标准灰岩段视为相对标准层，根据数理统计与概率理论，通过建立三孔隙度测井直方图模式，利用高斯正态分布函数对直方图的拟合，对各井自然伽马、声波、密度和中子等测井资料进行标准化处理。这里对 X 砂岩油藏测井曲线标准化的 4 个主要步骤如下：

（1）确定相对标准层：综合深感应电阻率、三孔隙度、自然伽马等测井曲线，在研究区各井的 X 砂岩油藏储层上部选择电阻率较高、三孔隙度测井曲线平缓、自然伽马较低的灰岩井段地层作为相对标准层。

（2）绘制直方图：利用各井所选相对标准层，建立孔隙度曲线测井数值与该数值出现频数之间关系的直方图，通过 Gauss 正态分布函数对直方图进行拟合，获得出现概率最高的测井曲线的峰值读数。

（3）获取各区曲线标准值：取各井的峰值，再作全区直方图，并进行高斯拟合，得到全区直方图的峰值读数，即为各相应曲线的标准值。

（4）获取各井曲线校正量：标准值与各井的峰值之差即为校正值。

利用上述步骤，在研究区范围内制作自然伽马 GR[见图 22（a）]、声波 AC[见图 22（b）]、密度 DEN[见图 22（c）] 和中子孔隙度 CNL[见图 22（d）] 直方图，统计区内 GR、AC、DEN、CNL 的峰值，以此作为标准。该区各井自然伽马标准层值分布在 7.7 ～ 21.65 API，标准层平均值为 12.9 API[见图 22（a）]；声波测井的标准层值分布在 47.85 ～ 54.5 μs/ft，标准层平均值为 50.7 μs/ft[见图 22（b）]；密度测井的标准层值分布在 2.85 ～ 3.03 g/cm³，标准层平均值为 2.94 g/cm³[见图 22（c）]；中子测井的标准层值分布在 –2.2% ～ 1.8%，标准层平均值为 –0.97%[见图 22（d）]。各井自然伽马、三孔隙度测井曲线校正值可由全区峰值与单井峰值之差值来计算，各单井校正值。

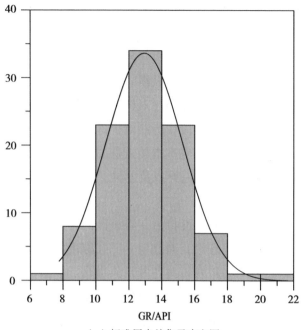

（a）标准层自然伽马直方图

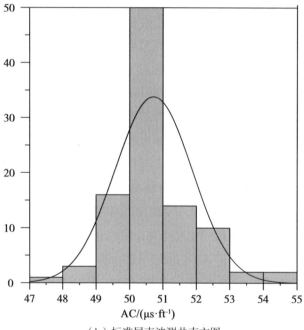

（b）标准层声波测井直方图

图 22　标准层测井曲线直方图

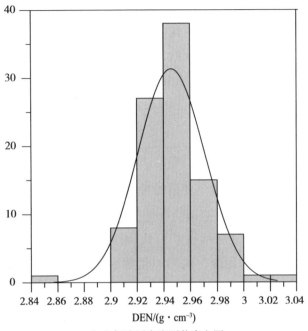

（c）标准层密度测井直方图

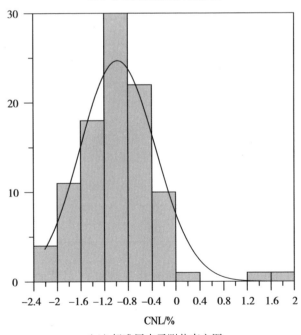

（d）标准层中子测井直方图

图 22　标准层测井曲线直方图（续）

3.测井数据的归一化

由于各测井数据的量纲不同，其数值相差很大。在运用神经网络测井解释之前，无论是学习样本还是预测数据，都需要进行归一化处理，将它们统一刻度在[0，1]。在对测井曲线数据归一化处理时，主要采用极差正规化方法。

设原始数据为 x_{ij}（i=1，2，$\cdots$，n；j=1，2，$\cdots$，m），极差变换公式为

$$x_{ij} = \frac{x_{ij} - x_{j(\min)}}{x_{j(\max)} - x_{j(\min)}} \qquad (122)$$

其中，$x_{j(\min)}$ 为 n 个样本中第 j 个变量的最小值；$x_{j(\max)}$ 为第 j 个变量的最大值。这样，变换后的新数据的取值范围为 0 ~ 1，即 $0 < x_{ij} < 1$。

神经网络要求输入曲线必须在 0 ~ 1，因此要对直井测井数据进行归一化。利用上述归一化方法，采用统一的归一化参数（见表 7），对全区 117 口直井测井数据进行归一化。

表 7　X 砂岩油藏测井曲线归一化参数值表

名称	极小值 MIN	极大值 MAX
深感应电阻率 ILD	0.1	100
中感应电阻率 ILM	0.1	100
补偿密度 DEN	2.25	2.85
补偿中子 CNL	0	20
声波时差 AC	50	85
自然伽马 GR	12	130
孔隙度 POR	0	25
渗透率 PERM	0.1	2 000

收集和整理了 X 砂岩油藏 78 口井测井资料和 15 口井的岩芯物性分析资料，从已有的成果出发，引入了神经网络测井解释方法，以岩芯刻度测井建立适合本地区储层参数精细解释模型。通过对 15 口井测井曲线的观察，在 15 口取芯井中，X51 井目的层无声波时差曲线，X36、X43 和 X44 井 3 口井部分井段声波时差曲线质量较差。因此，拟基于这 4 口取芯井的资料，由密度、中子、自

然伽马、深感应电阻率和中感应电阻率 5 条测井曲线建立无声波曲线的神经网络储层参数计算模型，而基于其余 12 口取芯井的资料，由密度、中子、自然伽马、深感应电阻率、中感应电阻率和声波时差 6 条测井曲线建立有声波曲线的神经网络储层参数解释模型，运用所建立的储层参数解释模型对 X 砂岩油藏 78 口直井进行了储层参数（孔隙度、渗透率）的计算，采用阿尔奇公式计算各井的含水饱和度。

4.神经网络储层参数测井解释模型的建立

1）有声波曲线的神经网络孔隙度测井解释模型的建立

用神经网络法解释测井孔隙度，就是寻求测井信息与孔隙度参数之间的一种非线性映射或拟合，主要就是通过给定的训练样本集进行学习得到一种解释模型，对未知井段进行孔隙度预测。

根据岩芯归位后的深度，提取各取芯井岩芯分析孔隙度对应深度的自然伽马、声波时差、密度、中子、深感应电阻率，以及中感应电阻率的测井值，用岩芯分析孔隙度与各测井值的交会图来分析孔隙度与各测井曲线之间的相关性。

从 12 口取芯井岩芯分析孔隙度与密度交会图（见图 23）中可以看出，孔隙度与密度的相关性较好，当密度减小时，孔隙度增大。声波时差与孔隙度（见图 24）、中子与孔隙度（见图 25）、深感应电阻率与孔隙度（见图 26）、中感应电阻率与孔隙度（见图 27）相关性一般，自然伽马与孔隙度（见图 28）相关性较差。

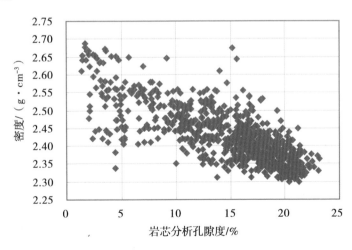

图 23 12 口井的岩芯孔隙度与密度交会图

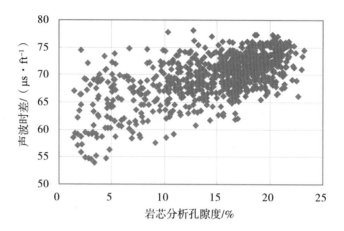

图 24　12 口井的岩芯孔隙度与声波时差交会图

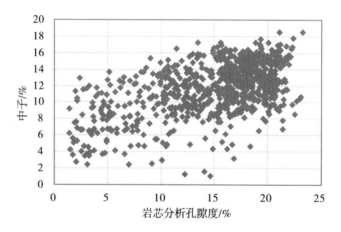

图 25　12 口井的岩芯孔隙度与中子交会图

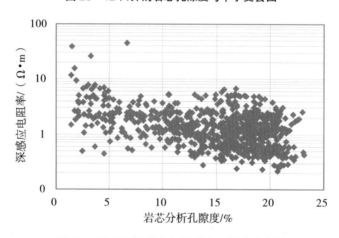

图 26　12 口井孔隙度与深感应电阻率交会图

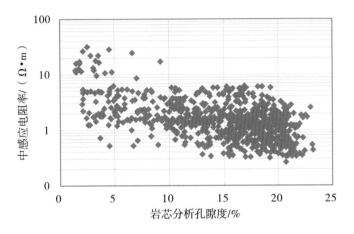

图 27　12 口井孔隙度与中感应电阻率交会图

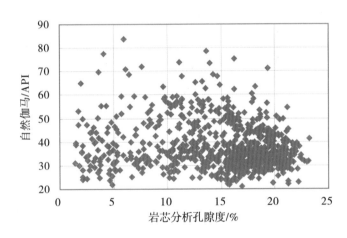

图 28　12 口井的岩芯孔隙度与自然伽马交会图

通过以上交会图分析，发现孔隙度与密度、中子、声波时差、自然伽马、深感应电阻率及中感应电阻率都有一定的相关性。因此，在这 15 口取芯井中，选取有可靠孔隙度分析值的样本 898 个，经标准化、归一化预处理，以深感应电阻率曲线（ILD）、中感应电阻率曲线（ILM）、自然伽马曲线（GR）、声波时差曲线（AC）、密度曲线（DEN）和中子曲线（CNL）6 条测井曲线为神经网络输入，以岩芯分析孔隙度作为网络输出，建立神经网络孔隙度解释模型。在网络学习训练过程中自动确定隐层神经元个数。经过训练，发现自动添加到 10 个隐层单元时，能够获得较小的网络训练误差，因此神经网络孔隙度计算的模型结构选择为 6-10-1。将学习样本送入网络中加以训练，通过对样本的多次调整，得到岩芯孔隙度与网络预测孔隙度间的相关系数 R 达到 0.94（见图 29）。

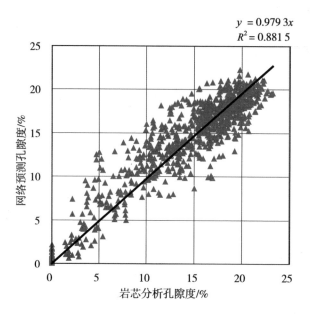

图29　12口井的岩芯分析孔隙度与神经网络预测孔隙度交会图

2）有声波曲线的神经网络渗透率测井解释模型的建立

储集微观孔隙结构的复杂性决定了渗透率在储集体内部，包括纵、横向上，都有很大的变化，具有强的非均质性和各向异性，渗透率的这种变化特性是其他一些储层特性参数（如孔隙度、泥质含量等）无法比拟的，测井信息由于受自身分辨率的限制，一般较难准确地反映和描述渗透率的这种纵、横向上的非均质变化，因此，由测井资料解释或预测渗透率参数是一个复杂的问题。

在大多数环境下，孔隙度常被认为是影响渗透率的主要因素，因此可由统计法导出孔隙度与实测渗透率之间的关系，通常使用多元线性回归技术建立测井数据与岩芯分析数据间的渗透率关系，在用取芯井段得出渗透率预测方程后，再对未取芯井进行渗透率值估算。而用神经网络建立储层渗透率的解释计算模型，就是实现测井信息与渗透率之间的一种非线性映射，关键是在所建立的这种渗透率神经网络模型中对输入变量的选取。

根据岩芯归位后的深度，提取 15 口取芯井中的岩芯分析渗透率对应深度上的自然伽马、声波时差、密度、中子、深感应电阻率及中感应电阻率的测井值，利用交会图法分析渗透率与各测井值以及岩芯孔隙度之间的相关性。

　　岩芯分析渗透率与孔隙度交会图（见图 30）显示：孔隙度与渗透率有很好的相关性，渗透率随着孔隙度的增大而增大。渗透率与密度（见图 31）的相关性较好，自然伽马与渗透率（见图 32）、中子与渗透率（见图 33）、声波时差与渗透率（见图 34）相关性一般，深感应电阻率与渗透率（见图 35）、中感应电阻率与渗透率（见图 36）相关性较差。

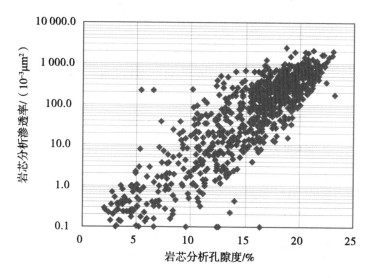

图 30　12 口井的岩芯渗透率与岩芯孔隙度交会图

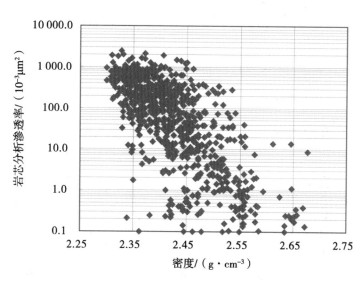

图 31　12 口井的岩芯渗透率与密度交会图

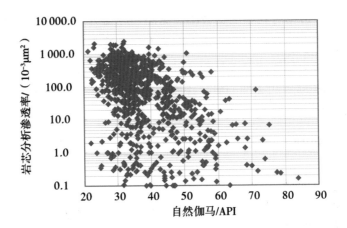

图 32   12 口井的岩芯渗透率与自然伽马交会图

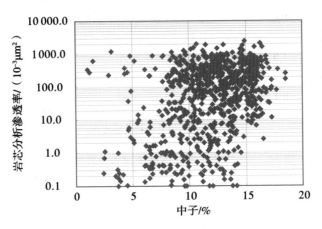

图 33   12 口井的岩芯渗透率与中子交会图

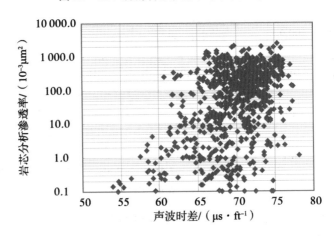

图 34   12 口井岩芯渗透率与声波时差交会图

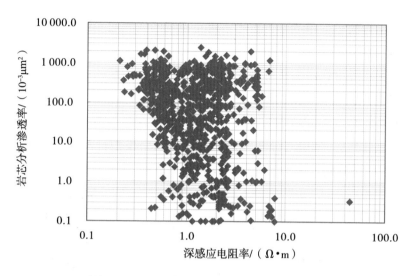

图 35　12 口井渗透率与深感应电阻率交会图

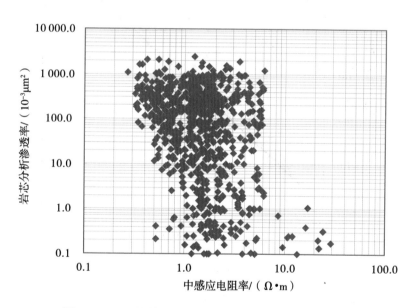

图 36　12 口井的岩芯渗透率与中感应电阻率交会图

通过图 30～图 36 的交会图分析，岩芯分析渗透率与岩芯分析孔隙度、密度、中子、声波时差、自然伽马、深感应电阻率及中感应电阻率都有一定的相关性，因此选取 15 口取芯井中有可靠渗透率的 893 个样本，将孔隙度预测值（POR）、深感应电阻率曲线（ILD）、中感应电阻率曲线（ILM）、自然伽马曲线（GR）、声波时差曲线（AC）、密度曲线（DEN）和中子曲线（CNL）7 条曲线作为输入变量，渗透率为输出，建立神经网络渗透率解释模型。由于岩芯孔隙度与预测孔隙度有一定的误差，所以为了使渗透率模型的预测结果更准确，将预测孔隙度作为渗透率神经网络模型的孔隙度输入曲线。在网络学习训练的过程中，仍自动确定隐层神经元个数。经过训练，发现添加 12 个隐层单元时，能够获得较小的网络训练误差，因此神经网络渗透率测井解释的网络模型结构为 7–12–1。从岩芯分析渗透率与神经网络模型预测渗透率值的相关图（见图 37）可以看到，两者的相关系数 R 达到 0.94。

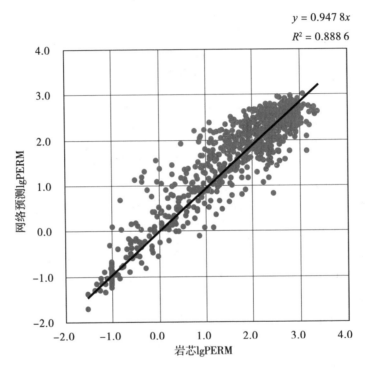

图 37　12 口井的岩芯渗透率与预测渗透率交会图

用所建立的神经网络孔隙度、渗透率模型对取芯井进行处理（见图 38），图 38 中将岩芯分析孔隙度、渗透率（以杆状表示）与网络预测孔隙度、渗透率重叠在一起显示。由图 38 可见，网络预测孔隙度、渗透率与岩芯分析孔隙度、渗透率有较好的吻合性。

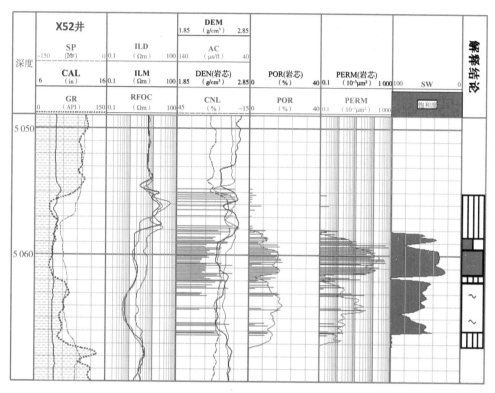

图 38　X52 井测井解释成果图

3）无声波曲线的神经网络孔隙度测井解释模型的建立

鉴于 X86、X82、X63、X2 井 4 口井声波曲线的质量问题，单独建立了无声波曲线的孔隙度神经网络解释模型。提取这 4 口取芯井中的岩芯分析孔隙度与对应深度上的测井曲线值，建立学习样本集，并利用测井曲线与岩芯分析孔隙度的交会图来定性分析孔隙度与测井曲线之间的关系。岩芯分析孔隙度与密度交会图（见图 39）显示：孔隙度与密度的相关性较好，当密度减小时，孔隙度增大。中子与孔隙度（见图 40）、深感应电阻率与孔隙度（见图 41）、中感应电阻率与孔隙度（见图 42）相关性一般，自然伽马与孔隙度（见图 43）相关性较差。

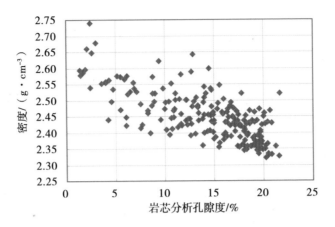

图 39　4 口井岩芯孔隙度与密度交会图

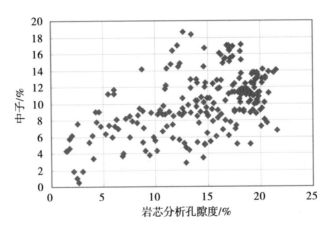

图 40　4 口井岩芯孔隙度与中子交会图

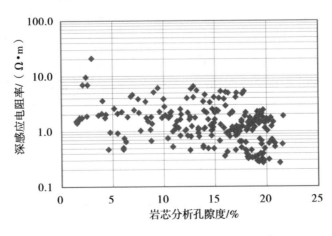

图 41　4 口井孔隙度与深感应电阻率交会图

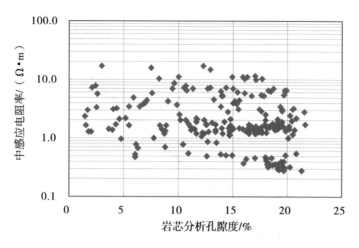

图 42   4 口井孔隙度与中感应电阻率交会图

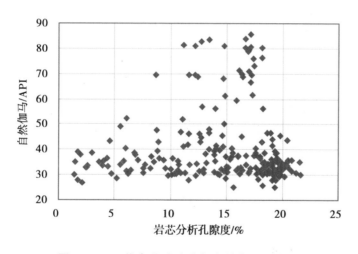

图 43   4 口井岩芯孔隙度与自然伽马交会图

通过图 39～图 43 的交会图分析，可见孔隙度与密度、中子、声波时差、自然伽马、深感应电阻率及中感应电阻率都有一定的相关性。因此，选取了 4 口井中 271 个样本，以深感应电阻率（ILD）、中感应电阻率（ILM）、自然伽马（GR）、密度（DEN）和中子（CNL）5 条曲线为输入变量，孔隙度为输出，建立神经网络孔隙度解释模型。在网络学习、训练过程中，当隐层单元达到 8 个时，训练误差达到最小，因此建立孔隙度计算模型的神经网络模型结构为 5-8-1。学习训练完毕，获得 4 口井学习样本的岩芯孔隙度与网络预测孔隙度的相关系数 R 为 0.93（见图 44）。

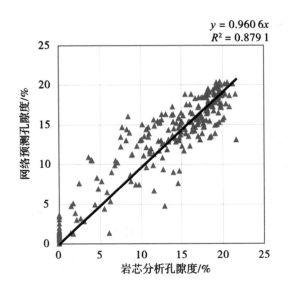

图 44 4 口井的岩芯孔隙度与预测孔隙度交会图

4）无声波曲线的神经网络渗透率测井解释模型的建立

提取 4 口井岩芯分析渗透率与对应深度的测井曲线值，建立样本集，并绘制测井曲线与岩芯分析渗透率的交会图，定性分析渗透率与测井曲线之间的关系。从岩芯分析渗透率与孔隙度交会图（见图 45）中可以看出，孔隙度与渗透率有很好的相关性，渗透率随着孔隙度的增大而增大。渗透率与密度（见图 46）的相关性较好，中子与渗透率（见图 47）、自然伽马与渗透率（见图 48）的相关性一般，深感应电阻率与渗透率（见图 49）、中感应电阻率与渗透率（见图 50）的相关性较差。

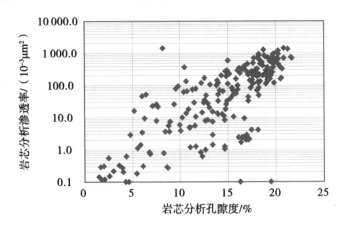

图 45 4 口井岩芯渗透率与岩芯孔隙度交会图

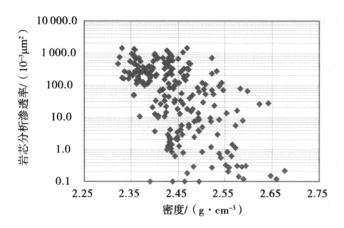

图 46　4 口井岩芯渗透率与密度交会图

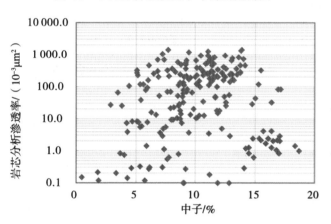

图 47　4 口井的岩芯渗透率与中子交会图

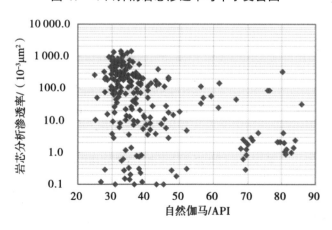

图 48　4 口井的岩芯渗透率与自然伽马交会图

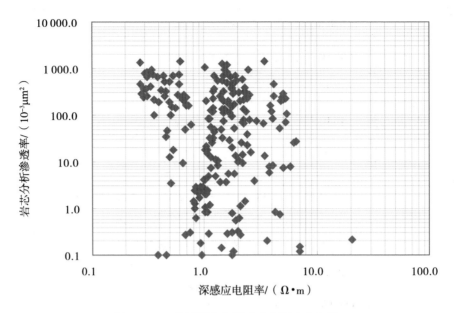

图 49　4 口井渗透率与深感应电阻率交会图

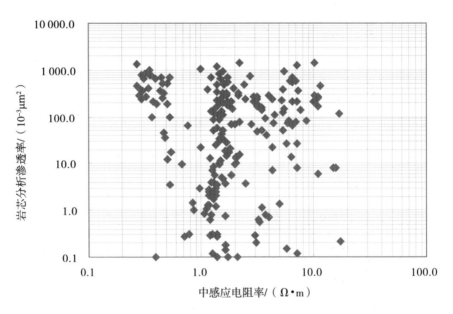

图 50　4 口井渗透率与中感应电阻率交会图

通过图 45 ～图 50 的交会图分析可见，渗透率与孔隙度、密度、中子、自然伽马、深感应电阻率和中感应电阻率都有一定的相关性。因此，选取 4 口井 271 个样本，以孔隙度预测（POR）、深感应电阻率（ILD）、中感应电阻率

（ILM）、自然伽马（GR）、密度（DEN）和中子（CNL）6 条曲线为输入，渗透率为输出，建立神经网络渗透率计算模型。经过网络学习、训练，当网络隐层单元为 9 时，训练误差达到最小，因此建立渗透率计算模型的神经网络模型结构为 6-9-1，获得 271 个学习样本的岩芯渗透率与网络预测渗透率相关系数 R 为 0.943（见图 51）。

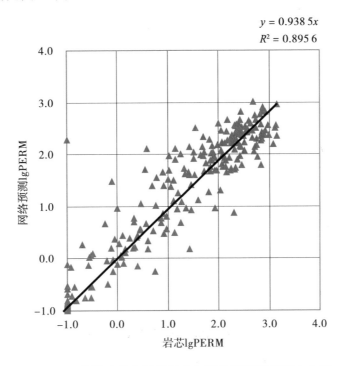

图 51　4 口井的岩芯分析渗透率与网络预测渗透率交会图

用上述建立的无声波曲线输入的神经网络孔隙度、渗透率解释模型对这 4 口取芯井进行处理，得到这四口井的测井解释成果。图 52 为 X82 井测井解释成果图，图中将岩芯分析孔隙度、渗透率（以杆状显示）与网络预测孔隙度、渗透率重叠在一起显示。由图 52 可见，5 056 ～ 5 066 m 井段的网络预测孔隙度与岩芯分析孔隙度变化趋势基本一致，预测渗透率与岩芯分析渗透率也有较好的符合性。

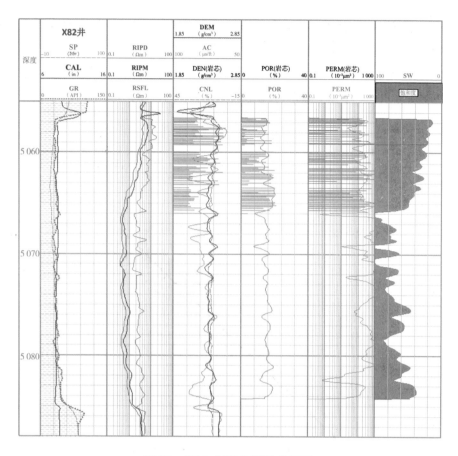

图 52　X82 井测井解释成果图

5. 储层参数解释以及效果对比评价

1）含水饱和度计算

利用阿尔奇公式计算各井含水饱和度 S_w：

$$S_w = \sqrt[n]{\frac{abR_w}{\phi^m R_t}} \qquad (123)$$

其中，S_w 为含水饱和度（%）；R_w 为泥浆滤液电阻率（Ω·m）；R_t 为深感应电阻率（Ω·m）；ϕ 为孔隙度（%）；a 为曲折度因素；b 为与地层有关的岩石系数；m 为取决于岩性和孔隙结构的系数，称为孔隙指数或胶结指数；n 为饱和度指数。

在本区域中，上述这些参数的取值分别为 $a=0.991\,3$，$b=1.023\,2$，$m=1.707\,6$，$n=1.391\,3$，$R_w=0.012\,6$ Ω·m。利用建立的孔隙度、渗透率的神经网络模型对

15 口取芯井和 63 口未取芯井进行处理，图 53 和图 54 分别是其中的未取芯的 X90 井与 X37 井的单井测井解释成果图。

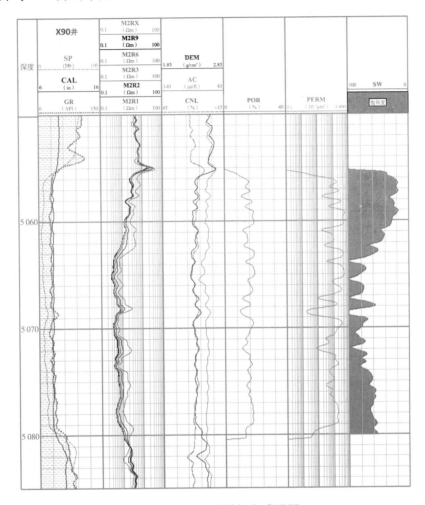

图 53　X90 井测井解释成果图

注：usft^{-1} 中，ft 为英尺，1usft^{-1}=3.28us/m

SP：自然电位测井曲线；CAL：井径测井曲线；GR：自然伽马测井曲线；DEN：密度测井曲线；AC：声波时差测井曲线；CNL：中子测井曲线；POR：测井解释储层孔隙度；PERM：测井解释储层渗透率；SW：储层含水饱和度；M2R1：垂向分辨率为 2 英尺探测深度为 10 英寸的整列感应测井曲线；M2R2：垂向分辨率为 2 英尺探测深度为 20 英寸的整列感应测井曲线；M2R3：垂向分辨率为 2 英尺探测深度为 30 英寸的整列感应测井曲线；M2R6：垂向分辨率为 2 英尺探测深度为 60 英寸的整列感应测井曲线；M2R9：垂向分辨率为 2 英尺探测深度为 90 英寸的整列感应测井曲线；M2RX：垂向分辨率为 2 英尺探测深度为 120 英寸的整列感应测井曲线

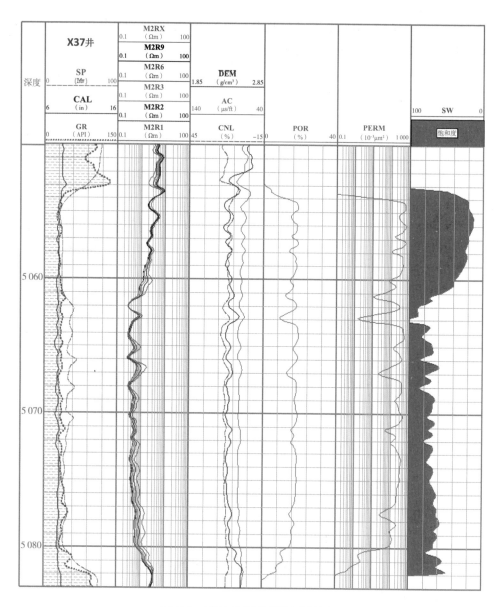

图 54　X37 井测井解释成果图

2）神经网络储层参数解释模型检验与效果评价

（1）岩芯分析值与预测值曲线重叠法。

神经网络储层参数解释模型的建立以岩芯物性分析为依据，因此以岩芯分析值为准检验所建立的神经网络储层参数解释模型的效果。把岩芯分析值与神经网络预测曲线值做重叠显示，图 55 与图 56 分别为 X64 井与 X78 井测井解释成果图，图中杆状代表岩芯分析值，POR 与 PERM 为神经网络储层参数解释模型预测的孔隙度与渗透率，POR1 与 PERM1 为已有的孔隙度与渗透率的解释成果。X64 井的 5 063 ～ 5 072 m 层段的神经网络储层参数解释模型预测的孔隙度、渗透率与岩芯分析孔隙度、渗透率基本吻合，而该井段已有的孔隙度、渗透率数值却低于岩芯分析孔隙度、渗透率值。X78 井的 5 071 ～ 5 079 m 层段的神经网络储层参数解释模型预测的孔隙度、渗透率与岩芯分析孔隙度、渗透率基本吻合，而该井段已有的孔隙度低于岩芯分析孔隙度值。因此，神经网络储层参数解释模型预测的孔隙度和渗透率与岩芯分析的孔隙度和渗透率值吻合性更好。

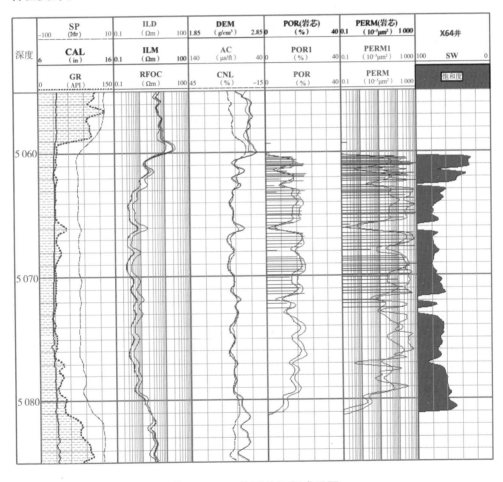

图 55   X64 井测井解释成果图

ILD：深感应测井曲线；ILM：中感应测井曲线；RFOC：八侧向电阻率测井曲线

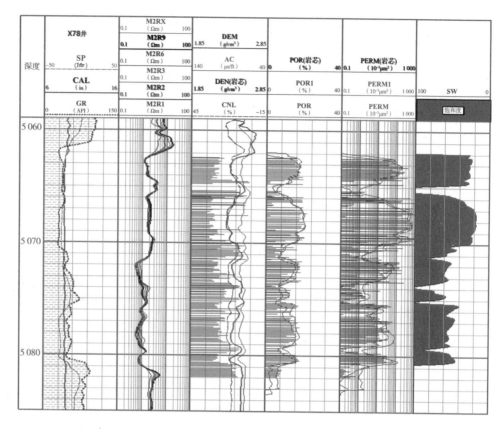

图 56　X78 井测井解释成果图

（2）取芯段岩芯分析与预测值误差统计法。

用所建立的神经网络储层参数解释模型对 15 口取芯井孔隙度和渗透率进行解释，并分别对单井岩芯孔隙度与预测孔隙度值、岩芯孔隙度与已有孔隙度值间绝对误差进行定量统计，对岩芯渗透率与预测渗透率值、岩芯渗透率与已有渗透率值间相对误差进行统计。表 8 分别给出了 15 口井的预测孔隙度和已有孔隙度的单井平均绝对误差：

$$\varepsilon_\phi = |\overline{\phi_1} - \overline{\phi}| \tag{124}$$

其中，$\overline{\phi_1}$ 表示该统计井段内岩芯分析孔隙度的平均值；$\overline{\phi}$ 表示该统计井段内预测值或已有孔隙度的平均值。表 8 同时给出了 15 口井的预测渗透率和岩芯渗透率的相对误差：

$$\omega_{\mathrm{k}} = \frac{\overline{k_l} - \overline{k}}{\overline{k_l}} \times 100\% \qquad\qquad (125)$$

其中，$\overline{k_l}$ 表示该统计井段内岩芯分析渗透率的平均值；$\overline{k}$ 表示该统计井段内预测值或已有渗透率的平均值。研究区内 15 口取芯井网络预测孔隙度的平均绝对误差为 1.8%，小于已有的孔隙度的平均绝对误差（2.25%），神经网络预测渗透率的平均相对误差为 38.2%，比已有渗透率解释的平均相对误差（60.3%）好得多，因此神经网络孔隙度、渗透率储层参数计算精度得到明显改进和提高。

表 8　15 口取芯井孔隙度、渗透率值误差统计表

井名	孔隙度绝对平均误差 / ($10^{-3}/\mu m^2$)	孔隙度绝对平均误差 (前人) / ($10^{-3}/\mu m^2$)	渗透率相对平均误差 /%	渗透率相对平均误差 (前人) /%
X16	1.61	2.14	−39.3	−32.2
X24	1.88	2.74	−4.3	−54.4
X39	1.82	1.92	−35.3	−40.5
X40	1.13	1.97	32.1	−50.8
X46	2.02	2.62	−26.9	19.5
X52	1.60	2.00	−29.1	−66.0
X55	1.99	2.08	−64.6	45.4
X56	1.21	1.41	−13.8	29.4
X58	2.41	3.00	69.4	57.0
X64	1.99	2.76	−18.4	53.7
X77	1.47	1.96	−56.8	−64.6
X78	1.81	2.16	−45.0	−116.8
X82	1.89	2.20	−30.5	−120.0
X88	1.34	1.99	−19.6	−85.8
X89	1.73	1.90	−59.9	−75.1
平均值	1.82	2.25	38.2	60.3

6. 油水层测井响应特征以及测井识别标准

X 砂岩油田储层岩性较纯，以石英砂岩为主，较高的束缚水饱和度造成该区油层的电阻率较低，本地区油层电阻率在 0.8 ~ 3 Ω·m，含油饱和度在 60% ~ 82%，储层物性较好，渗透率为 100×10^{-3} ~ 600×10^{-3} μm²，孔隙度为 15% ~ 19.6%。如图 57 所示为 X16 井的 5 060 ~ 5 064 m 井段测井解释成果。差油层与油层的区别在于差油层的电阻率稍高于油层的电阻率，电阻率为 1.5 ~ 5 Ω·m，自然伽马较高，为 39 ~ 49 API，物性较差，孔隙度为 10.4% ~ 12.4%，渗透率为 4×10^{-3} ~ 10×10^{-3} μm²，含油饱和度在 56% ~ 65%（见图 57）。

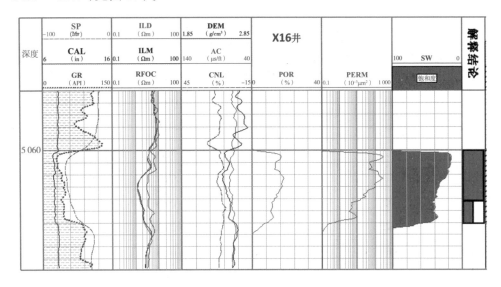

图 57　X16 井测井解释成果图

本地区水层测井响应特征较明显，电阻率均小于 0.86 Ω·m，含水饱和度在 42% ~ 99%，物性较好，如 X56 井（见图 58）上的 5 091 ~ 5 099；而干层物性较差，渗透率为 0.1×10^{-3} ~ 10×10^{-3} μm²，孔隙度为 0% ~ 8%，电阻率大于 2 Ω·m，自然伽马在 30 ~ 45 API，密度在 2.46 ~ 2.62 g/cm³。

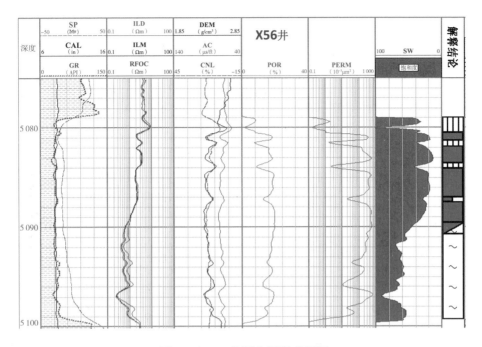

图 58　X56 井测井解释成果图

参考已有解释成果，根据深感应电阻率以及神经网络计算的孔隙度、渗透率、含水饱和度等，建立统一的油水层判别标准来对 X 砂岩油藏各井储层进行含流体类型识别。根据该区储层特征，将本区砂岩储层内流体类型划分为油层、差油层、油水层、水层和干层，各层判别标准如表 9 所示，利用确定的判别标准对本区直井砂岩储层进行油水层识别，解释成果见图 59 ～图 61。

表 9　X 砂岩油藏流体测井响应及物性特征

类型	自然伽马/API	地层电阻率/(Ω · m)	声波时差/(μs · ft⁻¹)	密度/(g · cm⁻³)	中子/%	孔隙度/%	渗透率/(10⁻³/μm²)	含水饱和度/%
油层	21 ～ 45	0.8 ～ 3	63 ～ 77	2.3 ～ 2.51	9 ～ 17	10 ～ 22	> 100	20 ～ 50
差油层	30 ～ 58	1.5 ～ 5	63 ～ 70	2.44 ～ 2.56	9 ～ 14	8 ～ 13	5 ～ 100	30 ～ 55
油水同层	21 ～ 58	0.6 ～ 1	63 ～ 77	2.3 ～ 2.51	9 ～ 17	8 ～ 22	> 5	40 ～ 60
水层	21 ～ 58	0.2 ～ 0.8	63 ～ 77	2.3 ～ 2.51	9 ～ 17	8 ～ 22	> 5	> 50
干层	20 ～ 60	2 ～ 30	55 ～ 63	2.5 ～ 2.7	4 ～ 10	< 8	1 ～ 10	> 50

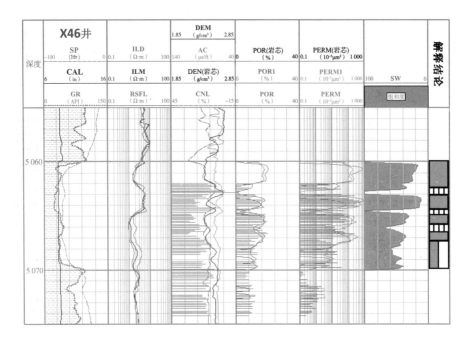

图 59　X46 井测井解释成果

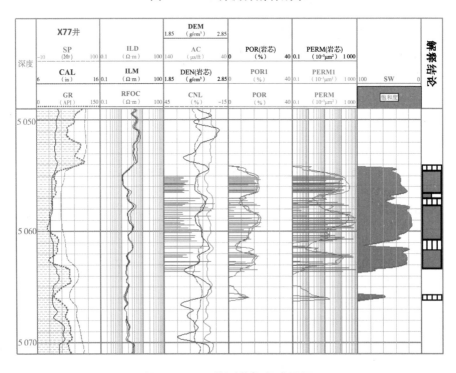

图 60　X77 井测井解释成果图

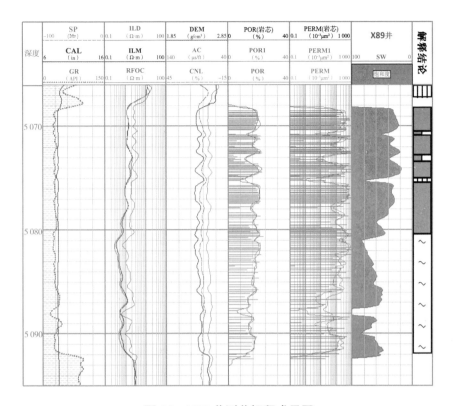

图 61　X89 井测井解释成果图

第 4 章 Schwarz Christoffel 变换建模基本原理

4.1 基本数学模型

在复平面 w（实际不规则区域）上有 N（$N \geqslant 4$）边形，它的顶点与内角分别为 w_k 和 $\pi \alpha_k$（$k = 1, 2, \cdots, N$）。将带状区域 z（保形映射的过渡区域）边界上的点映射到 w 复平面多边形区域顶点的 Schwarz Christoffel 变换[140] 公式为

$$w = A \int_0^z \prod_{j=0}^N f_j(\xi) \mathrm{d}\xi + C \tag{126}$$

其中，A 为伸缩系数；C 为变换中心；$\pi \alpha_k$ 为 w 平面多边形内角；z 为带状区域边界点；$f_j(\xi)$ 为分段函数，具体表达式如下：

$$f_j(\xi) = \begin{cases} \mathrm{e}^{\frac{z}{2}(\theta_+ - \theta_-)} & (j = 0) \\ \left\{ -\mathrm{i} \times \sinh\left[\dfrac{\pi}{2}(z - z_j)\right] \right\}^{\alpha_j - 1} & (1 \leqslant j \leqslant M) \\ \left\{ -\mathrm{i} \times \sinh\left[-\dfrac{\pi}{2}(z - z_j)\right] \right\}^{\alpha_j - 1} & (M + 1 \leqslant j \leqslant N) \end{cases} \tag{127}$$

其中，i 为虚数单位；M 为带状区域下边界点的个数；N 为多边形区域顶点的总个数；θ_+ 为带状区域左边的无限远点的角度；θ_- 为带状区域右边的无限远点的角度。则 $\theta_+ = \pi$。

上半平面变换为矩形区域可由第一类椭圆积分函数表示，若已知矩形基本参数，则矩形映射到上半平面可由其反函数表示，即第一类椭圆函数。借助

第一类椭圆函数，将带状区域映射到矩形区域，映射变换[140-141]可由式（128）
表示：

$$z = \frac{1}{\pi} \ln\left(\mathrm{sn}(u \mid l)\right) \tag{128}$$

其中，u为矩形区域；l为椭圆函数的模，由选择变换的矩形顶点决定。矩形区
域到带状区域变换如图 62 所示。

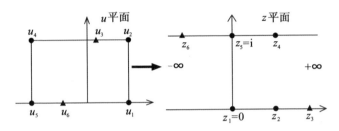

图 62　矩形区域到带状区域变换示意图

但在实际工程问题研究中，一般多边形区域是已知的，需要求解与多边形
顶点对应的矩形顶点及边界上的映射点。根据黎曼原理，要确定式（126），则
参数$z_k(k=1,2,\cdots,N)$中有 3 个点必须选定。这样，不妨假定$z_1=0$，即选定映射
为矩形长边的第一个顶点。第二点取映射为矩形长边的第二个顶点，如图 62
中的z_2点，该点的取值为映射模量，由选定矩形的长边与短边的比值决定。第
三点取映射为矩形顶点的第四点，该点落在虚轴上，取值等于 i，如图 62 中的
$z_5 = \mathrm{i}$。但也可根据实际工程问题的需要，选择其他点。在上述假定的条件下，
式（126）中$z_k(k=1,2,\cdots,N)$满足下述条件：

$$z = \begin{cases} \mathrm{Re}(z_k) < \mathrm{Re}(z_{k+1}) \bigcup \mathrm{Im}(z_k) = 0 \\ \mathrm{Re}(z_k) > \mathrm{Re}(z_{k+1}) \bigcup \mathrm{Im}(z_k) = \mathrm{i} \end{cases} \tag{129}$$

即z必须位于带状区域边界上，点位次序为逆时针顺序，$\mathrm{Re}(z_k)$表示z_k实部，
$\mathrm{Im}(z_k)$表示z_k虚部。

若选定矩形长边第一个顶点位于坐标原点，则式（126）中的C等于 0，这
样有利于问题的简化，因此可得多边形顶点$w_k(k=1,2,\cdots,N)$为

$$w_k = A \int_0^{z_k} \prod_{j=0}^{N} f_j(\xi) \mathrm{d}\xi \tag{130}$$

根据式（130），采用相邻两点之间的边长比值可消去伸缩系数，这样可以减少未知量的求解，因此可得：

$$\frac{w_{k+1}-w_k}{w_2-w_1}=\frac{\int_{z_k}^{z_{k+1}}\prod_{j=0}^{N}f_j(\xi)\mathrm{d}\xi}{\int_{z_1}^{z_2}\prod_{j=0}^{N}f_j(\xi)\mathrm{d}\xi},(k=2,3,\cdots,N-2) \tag{131}$$

令 $I_k=\left|\int_{z_k}^{z_{k+1}}\prod_{j=0}^{N}f_j(\xi)\mathrm{d}\xi\right|,(k=1,2,\cdots,N-2)$，则式（131）可表示为

$$I_k=I_1\frac{|w_{k+1}-w_k|}{|w_2-w_1|},(k=2,3,\cdots,N-1) \tag{132}$$

根据式（132），可得 $N-3$ 个关系式，其中未知量为 $z_k(k=1,2,\cdots,N-3)$。通过求解式（132）非线性积分方程组，可求得未知参数 z_k。

根据式（130）可求得伸缩系数 A：

$$A=\frac{w_2-w_1}{\int_{z_1}^{z_2}\prod_{j=0}^{N}f_j(\xi)\mathrm{d}\xi} \tag{133}$$

4.2　Schwarz　Christoffel 积分

4.2.1　高斯－雅可比型积分

根据以上分析，为了求解带状区域到多边形区域映射参数问题式（132），必须计算式（131）积分。根据实际问题分析可知，式（131）积分路径在带状区域边界上，在带状区域的上下边界上含有无穷远点，无穷远点的处理方法可参考文献。积分起点 z_k 和终点 z_{k+1} 为奇点，为了求解式（131）的奇异积分，对 I_k 做一次参数变换。

令 $\xi=\dfrac{2}{z_{k+1}-z_k}(z-z_{k+1})+1$，代入式（132）可得

$$I_k = \left| \frac{z_{k+1}-z_k}{2} \right| \times \left| \left[-\mathrm{i}\,\frac{\pi(z_{k+1}-z_k)}{4} \right]^{\alpha_k-1} \right| \times \left| \int_{-1}^{1}(1-\xi)^0(1+\xi)^{\alpha_k-1}f_k(\xi)\mathrm{d}\xi \right| \quad （134）$$

其中，有

$$f_k(\xi) = \mathrm{e}^{\frac{1}{2}(\theta_+-\theta_-)\left[(\xi-1)\frac{z_{k+1}-z_k}{2}+z_{k+1}\right]} \times \prod_{j=1}^{k-1}\left\{-\mathrm{i}\times\sinh\left[\frac{\pi}{2}\left(\frac{\xi(z_{k+1}-z_k)+z_k+z_{k+1}}{2}-z_j\right)\right]\right\}^{\alpha_j-1} \times$$

$$\prod_{j=k+1}^{M}\left\{-\mathrm{i}\times\sinh\left[\frac{\pi}{2}\left(\frac{\xi(z_{k+1}-z_k)+z_k+z_{k+1}}{2}-z_j\right)\right]\right\}^{\alpha_j-1} \times$$

$$\prod_{j=M+1}^{N}\left\{-\mathrm{i}\times\sinh\left[-\frac{\pi}{2}\left(\frac{\xi(z_{k+1}-z_k)+z_k+z_{k+1}}{2}-z_j\right)\right]\right\}^{\alpha_j-1}$$

为了将式（134）处理为高斯 – 雅可比型积分，对 $f_k(\xi)$ 表达式中的第 k 个因子采用泰勒级数展开，取其线性部分。保证求解变量 z 满足式（129）情况下，式（134）积分起点和终点都存在奇异点，起点奇异点为 $(1+\xi)^{\alpha_k-1}$ 项，终点奇异点为 $f_k(\xi)$ 表达式中的第 k 个因子。因此，对于上式直接采用高斯 – 雅可比型积分显然不合理，若对带状区域上边界或下边界对应点进行积分，可将积分区间以区间的中点为界划分为两个子区间，进行两段积分，每段积分保证只含有一个奇异点，即 $(1+\xi)^{\alpha_k-1}$ 项。通过上述修改，每个子区间能够满足高斯 – 雅可比型积分式（134）条件。根据文献 [29]，式（134）可表示为

$$I_k \approx \left| \sum_{q=1}^{n}Q_q f_k(x_q) \right| \quad （135）$$

其中，x_q 为权函数 $(1-t)^0(1+t)^{\alpha_l-1}$ 在区间 $[-1,1]$ 正交多项式的零点；Q_q 为权值；n 为正交多项式的次数，根据文献 [22]，其值由积分 I_k 的精度决定。有关 x_q 和 Q_q 的求解参见文献 [19] 或附录 A。

4.2.2　合理积分路径的确定

在采用迭代法求解式（132）时，积分 I_k 计算才是关键，文献 [22] 中研究结果表明可以通过增加正交多项式的次数提高积分精度。本书通过试验研究表明积分路径长度对积分的精度也有一定程度的影响，因此为了保证积分精度，必须确定合理的积分路径长度。

在迭代过程中，当 $\alpha_k - 1 < 0$ 时，积分路径 $\widehat{z_k z_{k+1}}$ 区间端点存在奇异点，可将区间划分为两个子区间，具体方法如下。

第一步：以路径 $\widehat{z_k z_{k+1}}$ 中点将积分式（132）分为两个子区间，其积分可表示为

$$I_k = \left| \int_{z_k}^{z_{\text{mid}}} \prod_{j=0}^{N} f_k(\xi) \mathrm{d}\xi + \int_{z_{\text{mid}}}^{z_{k+1}} \prod_{j=0}^{N} f_k(\xi) \mathrm{d}\xi \right|$$

其中，z_{mid} 为路径 $\widehat{z_k z_{k+1}}$ 的中点。

第二步：确定积分路径长度，合理积分路径长度由下式确定：

$$\text{dist} = \min \left\{ 1, \min \left(\alpha \frac{|z_j - z_k|}{|z_{\text{mid}} - z_k|} \right) \right\}, (j = 1, 2, \cdots, N)$$

其中，α 为积分路径长度加权因子。

一般取 $\alpha \in \{0.5, 1, 5\}$，α 取值较大时，积分路径长度较长，但积分精度有所下降，反之，积分路径长度较短，精度有所提高，但计算时间相应增加，如表 10 所示，本书取 $\alpha = 1$。

第三步：若 dist < 1，积分路径太长，将积分区间变换为 $\left[z_k, z_k + \text{dist} \cdot (z_{\text{mid}} - z_k) \right]$，在此区间上采用校正后的零点和权值进行积分。

第四步：移动积分路径，下一步积分区间为 $\left[z_k + \text{dist} \cdot (z_{\text{mid}} - z_k), z_{\text{mid}} \right]$，进行第二步，计算 dist，若 dist < 1，进行第三步。

第五步：若 dist ≥ 1，采用校正后的零点和权值进行积分。

表 10　积分路径长度加权因子 α 与计算时间和相对误差之间数据表

序号	α	计算时间 /s	相对误差 /cm
1	0.5	29.576 109	$8.360\ 089\ 947\ 818\ 459 \times 10^{-5}$
2	0.6	26.407 694	$6.460\ 090\ 308\ 208\ 978 \times 10^{-4}$
3	0.7	24.688 797	$7.000\ 090\ 147\ 836\ 376 \times 10^{-4}$
4	0.8	23.433 449	$1.580\ 088\ 353\ 583\ 628 \times 10^{-3}$
5	0.9	22.658 195	$2.150\ 080\ 885\ 543\ 769 \times 10^{-3}$
6	1.0	21.952 791	$3.000\ 077\ 100\ 512\ 790 \times 10^{-3}$

序号	α	计算时间 /s	相对误差 /cm
7	1.1	21.748 361	$4.150\ 079\ 795\ 596\ 269 \times 10^{-3}$
8	1.2	21.484 962	$5.980\ 078\ 802\ 275\ 957 \times 10^{-3}$
9	1.3	21.366 505	$6.650\ 073\ 744\ 918\ 978 \times 10^{-3}$
10	1.4	21.325 768	$7.870\ 071\ 283\ 498\ 647 \times 10^{-3}$
11	1.5	21.399 004	$8.650\ 072\ 433\ 141\ 741 \times 10^{-3}$

说明：表 10 中的迭代次数统一为 20 次，以图 76 多边形为例，可能会因为计算机性能而数值有所变化，但基本规律不变。

4.2.3　校正高斯雅可比型积分零点与权值

根据式（134）的推导过程，结合权函数正交多项式的性质，可将权函数 $W(t) = (1-t)^{\alpha}(1+t)^{\beta}$ 正交多项式的零点和权值进行校正[29]。

校正后的零点为

$$x_q^{'} = \frac{x_q \times (z_{\mathrm{mid}} - z_k) + z_{\mathrm{mid}} + z_k}{2} - z_j, \left(j = 1, 2, \cdots, N \right) \qquad （136）$$

其中，$x_q^{'}$ 为校正后的零点。

考虑高斯雅可比型积分式（135），校正后的权值为

$$Q_q^{'} = Q_q \left| \frac{z_{k+1} - z_k}{2} \right| \times \left| \left[-\mathrm{i} \frac{\pi(z_{k+1} - z_k)}{4} \right]^{\alpha_k - 1} \right| \qquad （137）$$

其中，$Q_q^{'}$ 为校正后的权值。

4.3　Schwarz　Christoffel 映射非线性系统求解

对非线性系统式（132）求解的过程中，还要考虑约束条件式（129）。

本次求解的参数为复变量，参考文献 [28][30] 对复变量参数约束条件进行变换，一是消除约束条件限制，二是建立复参数与实参数之间的关系，简化求解问题。

4.3.1 参数初始化

在多边形区域中选定 4 个点，与带状区域上对应的点如图 63 中的 z_1，z_b，z_c 和 z_d，下标 b，c 和 d 表示点位的次序，其位置分别表示为 $z_1 = 0$，$z_b = m$，$z_c = m + \mathrm{i}$ 和 $z_d = \mathrm{i}$。其中，m 为映射模量，其值由带状区域对应多边形区域选定的 4 个点来决定。m 等于选取第一点到第二点之间的多边形边长之和与第三点到第四点之间的多边形边长之和的比值。

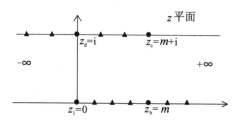

图 63　带状区域边界点初始化示意图

第 1 个点到第 b 个点的初值可由下式确定：

$$z_k = (k-1)\frac{m}{b-1}, \left(k = 1, 2, \cdots, b\right) \tag{138}$$

第 $b+1$ 个点到第 $c-1$ 个点的初值可由下式确定：

$$z_k = (k-b)\frac{m}{b-a}, \left(k = b+1, b+2, \cdots, c-1\right) \tag{139}$$

第 c 个点到第 d 个点的初值可由下式确定：

$$z_k = (d-k)\frac{m}{d-c} + \mathrm{i}, \left(k = c, c+1, \cdots, d\right) \tag{140}$$

第 $d+1$ 个点到第 N 个点的初值可由下式确定：

$$z_k = (d-k)\frac{m}{d-c}, \left(k = d+1, d+2, \cdots, N\right) \tag{141}$$

4.3.2　无约束条件变换

根据文献 [19-20] 对实参数的变换方法，结合文献 [140] 中的变换思想，建立复参数与实参数的变换关系。求解的未知参数只有 $N-3$ 个，因此只需建立 $N-3$ 个实参数，其步骤如下。

第一步：计算 z 平面相邻两点的距离。

$$d_k = |z_{k+1} - z_k|, (k = 1, 2, \cdots, N-1) \tag{142}$$

第二步：第 1 个点到第 $b-2$ 个点变换。

$$r_{0,j} = \ln(d_k)(j = k), (k = 1, 2, \cdots, b-2) \tag{143}$$

其中，$r_{0,j}$ 为第 j 个经过变换的实参数。

第三步：第 $c+1$ 个点到第 $d-1$ 个点的变换。

$$r_{0,j} = \ln(d_k)(j = k-2), (k = c+1, c+2, \cdots, d-1) \tag{144}$$

第四步：第 $b-1$ 个点的变换，$k = b-1$。

$$r_{0,j} = \frac{\ln(d_k) + \ln(d_{k+c-b+1})}{2}, (j = k) \tag{145}$$

第五步：第 $b+1$ 个点到第 $c-1$ 个点的变换。

首先对这些点进行指数运算，指数运算的结果看作一个向量，在向量的第一个元素前面插入 1，在向量最后一个元素后面插入 -1，然后对该向量进行差分运算，将计算的结果看作一个新的向量，最后对新向量中的元素再进行变换，即对相邻两个元素做相除运算。具体计算公式如下：

$$r_{0,j} = \begin{cases} \ln\left(\dfrac{1 - e^{\pi(z_b - z_{b+1})}}{e^{\pi(z_b - z_{b+1})} - e^{\pi(z_b - z_{b+2})}}\right) & (j = b) \\[2mm] \ln\left(\dfrac{e^{\pi(z_b - z_j)} - e^{\pi(z_b - z_{j+1})}}{e^{\pi(z_b - z_{j+1})} - e^{\pi(z_b - z_{j+2})}}\right) & (j = k-1) \\[2mm] \ln\left(\dfrac{e^{\pi(z_b - z_{c-2})} - e^{\pi(z_b - z_{c-1})}}{e^{\pi(z_b - z_{c-1})} + 1}\right) & (j = c-2) \end{cases} \tag{146}$$

其中，$k = b+2, b+3, \cdots, c-2$。

第六步：第 $d-2$ 个点到第 $N-3$ 个点的变换。

变换的思路与第五步相似，在指数运算过程中，需要对这些变换点的实部做指数运算。具体计算公式如下：

$$r_{0,j} = \begin{cases} \ln\left(\dfrac{-e^{\pi x_{d+1}}+1}{-e^{\pi x_{d+2}}+e^{\pi x_{d+1}}}\right) & (j=d-2) \\[4mm] \ln\left(\dfrac{-e^{\pi x_{j+3}}+e^{\pi x_{j+2}}}{-e^{\pi x_{j+4}}+e^{\pi x_{j+3}}}\right) & (j=k-3) \\[4mm] \ln\left(\dfrac{-e^{\pi x_N}+e^{\pi x_{N-1}}}{1+e^{\pi x_N}}\right) & (j=N-3) \end{cases} \tag{147}$$

其中，$k=d-2, d-1, \cdots, N-3$；x 表示变换点的实部。通过上述六步的变换，建立 N 个复参数与 $N-3$ 个实参数的关系。无约束变换条件变换的具体推导过程见附录 B。

4.3.3　实数到复参数变换

进行实参数变换主要是因为采用牛顿法、拟牛顿法、共轭梯度法和 Levenberg Marquardt 等算法求解非线性方程组式（132）时，其 I_k 运算结果均为实数，而未知数为复参数。若直接采用 I_k 的计算结果与其导数直接校正下一步的结果，无法保证满足式（129）的约束条件，因此必须建立实参数与复参数之间的对应关系，并且能够将实参数的结果通过逆变换还原到复参数[140]，同时未知数 z_k 也满足式（129）的条件，其具体步骤如下。

第一步：令 $\mathbf{Z}_0^{'}=[0,0,\cdots,0]_N$，此时已经包含 $z_1=0$，下面的步骤是对 $\mathbf{Z}_0^{'}$ 中的元素进行更新。

第二步：第 2 个点到第 $b-1$ 个点变换。

$$z_{0,k}^{'} = \sum_{j=1}^{k} e^{r_{0,j}}, \left(k=2,3,\cdots,b-1\right) \tag{148}$$

其中，$z_{0,k}^{'}$ 为第 k 个经过逆变换的复参数。

第三步：第 $c+1$ 个点到第 $d-1$ 个点变换。

$$z_{0,k}^{'} = \mathrm{i} + \sum_{j=d-3}^{k-2} e^{r_{0,j}} \tag{149}$$

其中，$k=c+1, c+2, \cdots, d-1$。这里特别需要注意，j 是从 $d-3$ 倒序至 $k-2$。

第四步：b，c 和 d 点的变换。

对于 b 点的变换，由无约束条件变换的第四步和初始化可得：

$$r_{0,b-1} = \frac{1}{2}\ln\left[\left(z_b - z_{b-1}\right)\left(x_c - x_{c+1}\right)\right] \tag{150}$$

其中，x_c 与 x_{c+1} 分别为 c 点与 $c+1$ 点的实部。因为 $r_{0,b-1}$ 在无约束条件变换的第四步已经算出，根据初始化规则，结合图 63，可得 $z_b = x_c$，因此从式（150）可解出 z_b，即得 b 点逆变换的计算公式：

$$z'_{0,b} = \frac{z_{b-1} + x_{c+1}}{2} + \sqrt{\left(\frac{z_{b-1} - x_{c+1}}{2}\right)^2 + e^{2r_{0,b-1}}} \tag{151}$$

其中，$z_{b-1} = \mathrm{Re}\left(z'_{0,b-1}\right)$，$x_{c+1} = \mathrm{Re}\left(z'_{0,c+1}\right)$，在第三步与第四步已求出；$c$ 点变换，$z'_{0,c} = z'_{0,b} + \mathrm{i}$；$d$ 点变换，$z'_{0,d} = \mathrm{i}$。

第五步：第 $b+1$ 个点到第 $c-1$ 个点变换。

在无约束变换过程中对初值做对数变换，为了将其还原，首先令

$$h_k = \begin{cases} 1 - \sum\limits_{k=b}^{c-2} e^{-\sum\limits_{j=b}^{k} r_{0,j}} & (k=b) \\ 1 + \sum\limits_{k=b}^{k} e^{-\sum\limits_{j=b}^{k} r_{0,j}} - \sum\limits_{k=k+1}^{c-2} e^{-\sum\limits_{j=b}^{k} r_{0,j}} & (k=b+1, b+2, \cdots, c-2) \\ 1 + \sum\limits_{k=b}^{c-2} e^{-\sum\limits_{j=b}^{k} r_{0,j}} & (k=c-1) \end{cases} \tag{152}$$

则 $z'_{0,k}$ 可表示为 $z'_{0,k} = z'_{0,b} - \mathrm{Re}\left[\ln\left(h_k / h_{c-1}\right) / \pi\right]$。

第 $d+1$ 个点到第 N 个点变换与上述方法类似，只需将求和部分的起点 b 改为 $d-2$，将终点 $c-2$ 改为 $N-3$ 即可。可以证明，通过上述变换，$z'_{0,k} = z_k$。实参数到复参数变换的具体推导过程见附录 C。

4.3.4　Levenberg Marquardt 算法参数优选

由于非线性方程组的求解算法很多，如共轭梯度法、拟 Newton 法、Newton Raphson、BFGS 或 DFP（矫正拟牛顿法）及 Broyden 等方法，本研究只采用 Levenberg Marquardt 算法[144]求解式（132）非线性方程组，Levenberg Marquardt 算法中涉及两个参数 ρ 与 σ，根据图 64～图 73 ρ 与 σ 取值与迭代次

数、误差的关系曲线可以看出，ρ 与 σ 取值对收敛速度有影响，通过反复的数值试验（见图 64～图 73）得出：ρ 对对收敛速度的影响很小，取 $\rho \in [0.1, 0.9]$，而 σ 对收敛的速度的影响较大，取 $\sigma \in [0.1, 0.5]$。在参数 ρ 与 σ 满足上述取值时，对图 11 所示规则的多边形区域进行计算，迭代 45 次就可以达到 10^{-9} 的计算精度。这里推荐 $\rho = 0.5$，$\sigma = 0.2$。

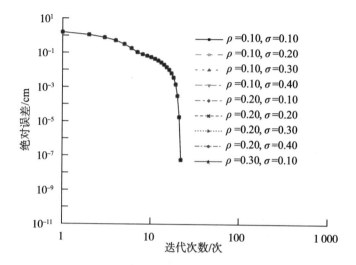

图 64　当 $\rho = 0.1 \sim 0.3$，$\sigma = 0.1 \sim 0.4$ 时绝对误差与迭代次数关系曲线

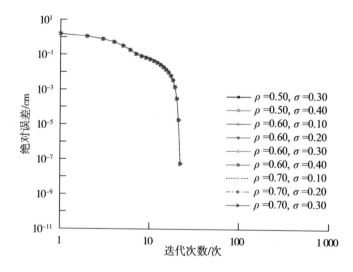

图 65　当 $\rho = 0.5 \sim 0.7$，$\sigma = 0.1 \sim 0.4$ 时绝对误差与迭代次数关系曲线

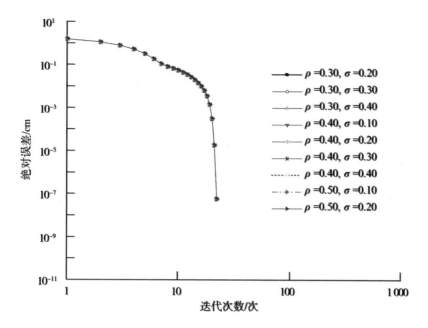

图 66　当 $\rho = 0.3 \sim 0.5$，$\sigma = 0.1 \sim 0.4$ 时绝对误差与迭代次数关系曲线

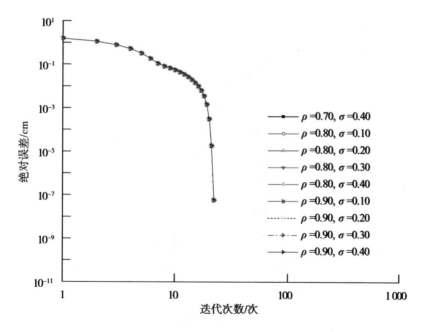

图 67　当 $\rho = 0.7 \sim 0.9$，$\sigma = 0.1 \sim 0.4$ 时绝对误差与迭代次数关系曲线

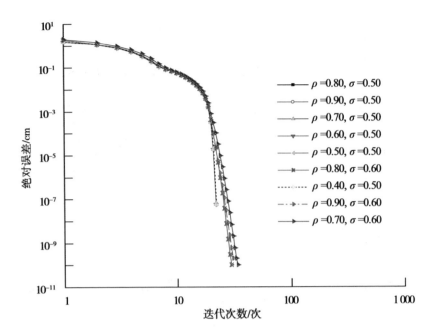

图 68　当 $\rho = 0.4 \sim 0.9$，$\sigma = 0.5 \sim 0.6$ 时绝对误差与迭代次数关系曲线

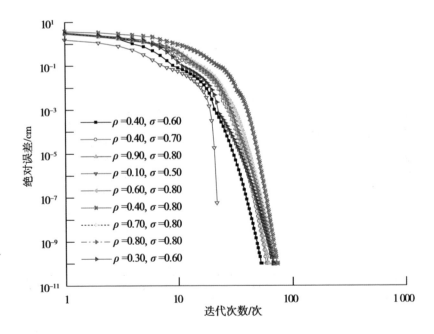

图 69　当 $\rho = 0.1 \sim 0.9$，$\sigma = 0.5 \sim 0.8$ 时绝对误差与迭代次数关系曲线

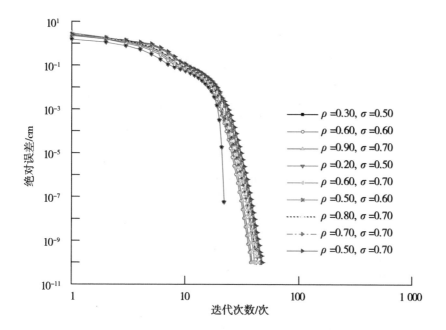

图 70　当 $\rho = 0.2 \sim 0.9$，$\sigma = 0.5 \sim 0.7$时绝对误差与迭代次数关系曲线

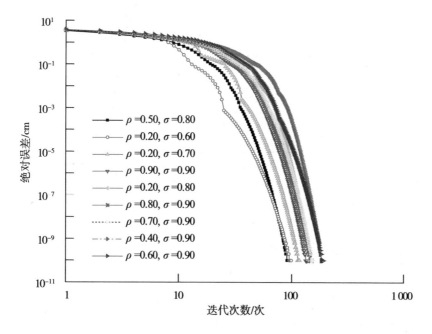

图 71　当 $\rho = 0.2 \sim 0.9$，$\sigma = 0.7 \sim 0.9$时绝对误差与迭代次数关系曲线

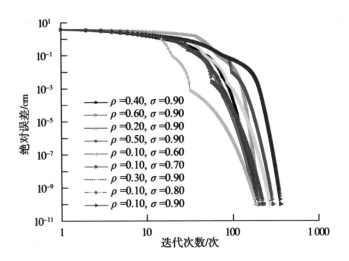

图 72　当$\rho = 0.1 \sim 0.6$，$\sigma = 0.7 \sim 0.9$时绝对误差与迭代次数关系曲线

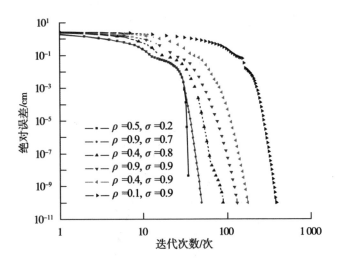

图 73　Levenberg Marquardt 算法中参数、迭代次数与绝对误差关系曲线

4.3.5　第一类椭圆积分计算

通过上述求解，基本完成了带状区域到多边形区域映射的计算，得到了带状区域边界与多边形区域边界的对应关系。然而，要得到矩形边界的对应点，必须根据椭圆函数的模[140]进行第一类椭圆积分计算。因为带状区域的宽度为 1，z_1、z_b、z_c和z_d决定了矩形左半部分，则右半部分可以通过解析延拓得到[141]，所以椭圆函数的模取$e^{-2\pi \mathrm{Re}(z_b - z_1)}$，得到矩形的长与宽参数，也就确定了矩

形的四个顶点，椭圆积分计算方法可参见文献 [142]。本书计算矩形长宽参数也是为了控制复参数椭圆函数计算，因为椭圆函数为一个双周期纯亚函数，其周期与矩形的长宽有关 [141]，矩形的 4 个顶点确定之后，椭圆函数周期也就确定了。后续进行复参数第一类椭圆函数计算时，必须保证除矩形 4 个顶点之外，其他点受这 4 个顶点约束，按照逆时针顺序落在矩形边界上。

4.3.6　复参数第一类椭圆函数计算

通过计算式（128），可得到带状区域到矩形区域的映射关系，但通过式（132）的求解，得到参数 z 为带状区域的复参数。在文献 [142] 中，采用级数法、椭圆函数加法定理与精细积分相结合的方法对实参数的椭圆函数数值计算方法做了研究，现有部分计算类软件仅支持实参数椭圆函数的计算。本书涉及复参数椭圆函数的计算，借助 Landen 将序变换 [143]，可将第一类复参数椭圆函数数值算法描述如下。

第一步：输入矩形区域边界 u，输入由椭圆积分得到的矩形 4 个顶点。若 z 中含有矩形上半平面的点，用矩形的宽度减去该点，将其变换到矩形的下半平面。

第二步：若 $l < 4\varepsilon$，ε 为椭圆函数计算误差限，一般取 10^{-16}，则有

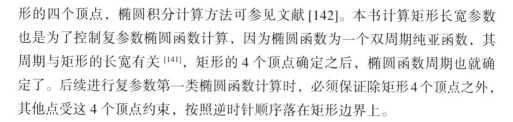

$$\operatorname{sn}(u \,|\, l) = \sin u + \frac{l}{4}\left(\sin u \times \cos u - u\right) \times \cos u$$

$$\operatorname{cn}(u \,|\, l) = \cos u + \frac{l}{4}\left(-\sin u \times \cos u + u\right) \times \sin u$$

$$\operatorname{dn}(u \,|\, l) = 1 + \frac{l}{4}\left(\cos^2 u - \sin^2 u - 1\right)$$

第三步：若 $l > 10^{-3}$，令 $u = u/\left(1 + \sqrt{l}\right)$，$k = \left[\left(1 - \sqrt{1-l}\right) \big/ \left(1 + \sqrt{1-l}\right)\right]^2$，进行第一步递归调用，计算 $\operatorname{sn}(u \,|\, l)$，$\operatorname{dn}(u \,|\, l)$，$\operatorname{cn}(u \,|\, l)$，否则进行第三步。

第四步：令 $p = 132 \times \left(\dfrac{l}{4}\right)^6 + 42 \times \left(\dfrac{l}{4}\right)^5 + 14 \times \left(\dfrac{l}{4}\right)^4 + 5 \times \left(\dfrac{l}{4}\right)^3 + 2 \times \left(\dfrac{l}{4}\right)^2 + 1 \times \left(\dfrac{l}{4}\right)^1$，$l = p^2$，$u = u / \left(1 + \sqrt{l}\right)$，进行第一步递归调用，计算 $\operatorname{sn}(u \,|\, l)$，$\operatorname{dn}(u \,|\, l)$，$\operatorname{cn}(u \,|\, l)$，否则进行第五步。

第五步：计算椭圆函数。

$$\mathrm{sn}\left(u \mid l\right) = \frac{\left(1 + \sqrt{l}\right) \times \mathrm{sn}^{'}\left(u \mid l\right)}{1 + \sqrt{l} \times \left[\mathrm{sn}^{'}\left(u \mid l\right)\right]^{2}}$$

$$\mathrm{cn}\left(u \mid l\right) = \frac{\mathrm{cn}^{'}\left(u \mid l\right) \times \mathrm{cn}^{'}\left(u \mid l\right)}{1 + \sqrt{l} \times \left[\mathrm{cn}^{'}\left(u \mid l\right)\right]^{2}}$$

$$\mathrm{dn}\left(u \mid l\right) = \frac{1 - \sqrt{l} \times \left[\mathrm{sn}^{'}\left(u \mid l\right)\right]^{2}}{1 + \sqrt{l} \times \left[\mathrm{sn}^{'}\left(u \mid l\right)\right]^{2}}$$

通过上述数值计算方法可以看出，在已知矩形区域边界时，可将矩形区域映射到带状区域，但带状区域边界已经求出，因此必须事先给出矩形边界初始化值 u ，通过函数 $\mathrm{sn}(u \mid l)$ 得到 z 值，根据所求 z 值与多边形区域到带状区域的 z 值相比较，若对应点位误差满足终止条件，则停止计算，否则采用牛顿法矫正初始化值 u ，然后再次迭代计算 z 值，直到满足所需精度为止。

4.4　基本模型求解

4.4.1　已知多边形边界，求矩形边界的保形映射的点

1. 求解的基本思路

已知多边形区域边界，首先要根据式（126）将带状区域边界的映射点求出，从多边形区域到带状区域映射求解的主要核心问题 [145-146] 有三个：一是解决 Schwarz Christoffel 变换过程中的奇异积分问题，该问题可以通过高斯雅可比积分的方法来解决；二是 Schwarz Christoffel 变换过程中参数的非线性系统的求解；三是伸缩系数和变换中心的求解。其次要解决从带状区域到矩形区域映射的计算，这个过程需要解决两个核心问题：一是要根据映射模型计算矩形顶点，即求解第一完全椭圆函数积分，关于第一类椭圆函数积分的数值计算方法参见下文求解流程的矩形顶点的计算，因为矩形顶点对后续点映射起到约束作用，即要按照黎曼原理，保持映射严格的点位次序；二是要解决复参数椭圆函

数的积分问题，即要计算雅可比椭圆函数，关于雅可比椭圆函数的数值计算方法参见下文求解流程的雅可比椭圆函数的计算，上述过程如图 74 所示。

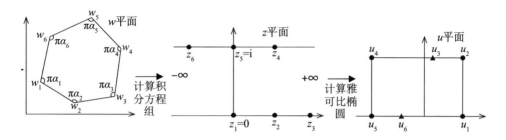

图 74　从多角形区域到矩形区域边界求解基本方案设计

对于问题一：要建立被积分函数式（126）与标准高斯雅可比函数之间的联系，高斯雅可比积分一般区间是从 –1 到 1，而式（126）的积分是从带状区域边界的一点到另外一点，所以先要采用一定的变换手段，将点到点的积分区域转换为 –1 到 1 的积分区域，当然，采用线性变换是最简单的，本书就采用这种方法。通过线性变换以后，在被积分函数中对第 k 项和第 $k+1$ 项进行近似处理，采用级数展开，近似可得符合高斯雅可比积分的权函数。但在实际处理的过程中，选择积分区间一端为奇点，就将两端为奇点的积分以这两点的中点为界，分成两个区间，这两个区间的端点处只有一个奇点，在算法设计时可采用两次函数调用的方法进行求解。这里还要说明一点，因为被积分函数的端点是在带状区域的边界上，带状区域的下边界位于实轴，而上边界是在将下边界向上移动了一个单位处，因此这两个边界的两端是开口，含有无穷远点。若积分的端点一个位于下边界，而另一个位于上边界，以这两点中点为界，将区间分成两部分，按照前面所述直接进行积分，则误差很大，也可能在积分路径上含有奇点，因为必须划分合适的积分路径，在子路径中最多只能包含一个奇点，根据高斯雅可比积分的特点，积分路径也不宜太长，其太长可能对积分精度的影响比较大，基于以上考虑，合理的积分路径长度的选择是很有必要的。

对于问题二：从本质上说，最终得出的非线性方程就是复平面边界相邻两点与对应的带状区域两点积分值之差的平方非线性方程组，要求解的目的就是选择合适的带状区域的边界点，使得到差值的平方值达到所求精度。关于非线性系统的求解方法较多，如牛顿法、拟牛顿法、共轭梯度法及 Levenberg Marquardt 等常规算法，还有一些优化算法，如粒子群系列算法、蚁群算法和模拟退火算法等。这些算法都能够求解非线性方程组，但这些算法在求解非线性方程组时，未知参数必须为实变量，而式（126）中的参数 z 为复变量的参数，且在带状区域的边界上，并且要满足顺时针的映射点的对应关系约束条件。因此，必须建立实变量与复变量之间的关系，一是适应常规非线性方程组求解的条件，二是要消除约束条件。

对于问题三：对于伸缩系数的求解，若多角形区域是封闭的，不含无穷远点，则对带状区域边界上相邻两点之间进行积分，结合多角形区域对应的映射点，通过比值法可以求出伸缩系数，这样，不同的点位求到不同的伸缩系数，理论上讲，这些伸缩系数值应该是一致的，但由于在前面求解非线性系统参数时，都是在满足一定的限差下求解到的，所以求出的这些伸缩系数不可能相同，可以取这些伸缩系数的平均值作为计算值。

2. 求解的基本流程

（1）已知数据的输入、积分方程的误差（非线性方程组）、多角形区域的顶点、高斯雅可比积分节点的数量、非线性方程的迭代次数、非线性方程组算法参数设置，以及矩形区域到带状区域迭代计算误差。

（2）矩形的顶点的选择。只需选定四个顶点即可，注意先选择长边，后选择短边。建议所需图形与映射图形最好是匹配的。

（3）根据积分节点和内夹角求高斯雅可比积分的权函数的权值与其权函数正交多项式的零点。

（4）带状区域边界参数的初始化。

（5）约束条件的变换，由复参数到实参数的变换。

（6）多角形区域到带状区域映射的计算（非线性系统的求解，Levenberg Marquardt 算法）。

第一步：给定参数 $\rho \in (0,1)$，$\sigma \in (0,1)$，$\mu_0 > 0$，初始点 $x_0 \in \mathbb{R}^n$，终止误差 $0 \le \varepsilon \ll 1$，I_n 取单位阵，令 $k = 0$。

第二步：计算函数值 $f_k = f(x_k)$，即计算积分方程组剩余平方和。计算函数在 x_k 处的雅可比矩阵 J_k，即计算积分方程组的雅可比矩阵，μ_k 为 f_k 的 2 范数。

第三步：迭代条件的判断。设 $g_k = J_k^{\mathrm{T}} \times f_k$，若 $\|g_k\| \le \varepsilon$，停算，输出 x_k 作为方程的根，否则转第四步。

第四步：求解方程组 $(J_k^{\mathrm{T}} J_k + \mu_k I) d_k = -g_k$，得 d_k。

第五步：由 Armijo 搜索求步长，令 m_k 是满足下列不等式的最小非负整数 m。

$$f(x_k + \rho^m d_k) \leq f(x_k) + \sigma \rho^m \mathbf{g}_k^{\mathrm{T}} d_k, \quad 令 \alpha_k = \rho^{mk}。$$

第六步：置 $x_{k+1} = x_k + \alpha_k d_k$，$k = k + 1$，更新 μ_k 的值，转第二步。

（7）将计算满足精度的实参数转换为复参数。

（8）伸缩系数的求解。

（9）映射模量的求解。

（10）根据映射模量计算矩形的顶点。

这里主要计算第一类完全椭圆函数积分，这里需要特别说明的是，这里计算的参数均为实参数，因为这里的通过映射点的对应关系只是为了确定矩形的顶点，具体的计算公式见式（153）和式（154）：

$$K(m) = \int_0^1 \frac{\mathrm{d}\xi}{\sqrt{\left(1 - \xi^2\right)\left(1 - m^2 \xi^2\right)}} \tag{153}$$

$$iK(m^{'}) = \int_0^1 \frac{\mathrm{d}\xi}{\sqrt{\left(1 - \xi^2\right)\left(1 - m^{'2} \xi^2\right)}} \tag{154}$$

其中，m 为映射模量，即选定多角形要映射到矩形长边的第一点到第二点之间所有点对距离之和比第三点到第四点之间所有点对距离之和；$K(m)$ 为矩形的半长边，即长边距离的一半；$iK(m^{'})$ 为矩形的半短边，即短边边长的一半，其中 m 和 $m^{'}$ 的关系为 $m = 1 - m^{'}$。具体第一类完全椭圆函数数值积分的计算方法参见文献 [141–142]。

（11）矩形边界初始化。以矩形的顶点作为约束条件，对于没有位于矩形顶点的其他点位进行初始化，这个过程没有严格的限制，只要保证点位的映射次序合理就行。

（12）雅可比椭圆函数的计算。通过上述步骤，已经得到了从多角形区域到带状区域映射的计算，由带状区域到矩形区域的映射计算需要计算雅可比椭圆函数，雅可比椭圆函数以矩形边界的点位和映射模型作为输入参数，因此，必须采用迭代（迭代法这里推荐使用牛顿法）的办法才能得到计算的结果，即给定矩形边界点位的初始位置，通过雅可比椭圆函数计算出带状区域上的映射点，若对同一个点位而言，由椭圆函数计算出带状区域点位的结果与由多角形区域到带状区域点位计算出的结果满足一定的限差，则停止计算，否则，对初始点位进行校正，校正可采用牛顿法，但必须对点位校正后的值进行检查，要保证校正后的点位位于矩形边界上，同时要受到矩形顶点条件的约束。

雅可比椭圆函数有 12 种，属于双周期亚纯函数，即在区域 D 上有定义，且除去极点之外处处解析的函数。顶点记作 s，c，d 和 n，其中 s 为原点，c 为实轴上点 K，d 为复平面上的点 $K+iK'$，n 为虚轴上的点 iK'，其中 K 和 iK' 称作四分之一周期。

借助 Landen 将序变换[143]，可将第一类复参数椭圆函数数值算法描述如下。

第一步：输入矩形区域边界 u。

第二步：若 $l < 4\varepsilon$，ε 为椭圆函数计算误差限，一般取 10^{-16}，则有

$$\mathrm{sn}(u \mid l) = \sin u + \frac{l}{4}(\sin u \times \cos u - u) \times \cos u$$

$$\mathrm{cn}(u \mid l) = \cos u + \frac{l}{4}(-\sin u \times \cos u + u) \times \sin u$$

$$\mathrm{dn}(u \mid l) = 1 + \frac{l}{4}(\cos^2 u - \sin^2 u - 1)$$

其中，l 为椭圆函数的模，$l = \mathrm{e}^{-2\pi m}$。

第三步：若 $l > 10^{-3}$，令 $u = u/(1+\sqrt{l})$，$k = \left[\left(1-\sqrt{1-l}\right)/\left(1+\sqrt{1-l}\right)\right]^2$，进行第一步递归调用，计算 $\mathrm{sn}(u \mid l)$，$\mathrm{dn}(u \mid l)$，$\mathrm{cn}(u \mid l)$，否则进行第三步。

第四步：令 $p = 132 \times \left(\frac{l}{4}\right)^6 + 42 \times \left(\frac{l}{4}\right)^5 + 14 \times \left(\frac{l}{4}\right)^4 + 5 \times \left(\frac{l}{4}\right)^3 + 2 \times \left(\frac{l}{4}\right)^2 + 1 \times \left(\frac{l}{4}\right)^1$，$l = p^2$，$u = u/(1+\sqrt{l})$，进行第一步递归调用，计算 $\mathrm{sn}(u \mid l)$，$\mathrm{dn}(u \mid l)$，$\mathrm{cn}(u \mid l)$，否则进行第五步。

第五步：计算椭圆函数。

$$\mathrm{sn}(u \mid l) = \frac{\left(1+\sqrt{l}\right) \times \mathrm{sn}'(u \mid l)}{1 + \sqrt{l} \times \left[\mathrm{sn}'(u \mid l)\right]^2}$$

$$\mathrm{cn}(u \mid l) = \frac{\mathrm{cn}'(u \mid l) \times \mathrm{cn}'(u \mid l)}{1 + \sqrt{l} \times \left[\mathrm{cn}'(u \mid l)\right]^2}$$

$$\mathrm{dn}\left(u\,|\,l\right)=\frac{1-\sqrt{l}\times\left[\mathrm{sn}'\left(u\,|\,l\right)\right]^{2}}{1+\sqrt{l}\times\left[\mathrm{sn}'\left(u\,|\,l\right)\right]^{2}}$$

直到满足所需精度为止。

（13）精度评定。从多角形边界到矩形边界点位映射计算主要步骤流程如图 75 所示。

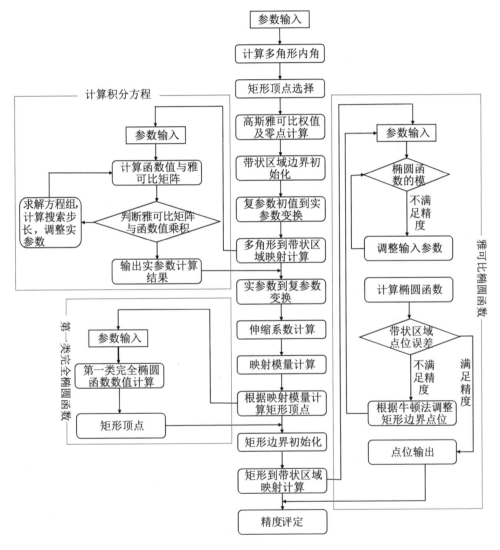

图 75　从多角形边界到矩形边界点位映射计算主要步骤流程图

3. 求解的结果及分析

本节主要解决实际油藏边界到矩形区域的映射计算问题，实际油藏边界的数据体参见 3.4.2 节表 2。前面所述的多角形区域就相当于实际油藏边界所构成的区域。

1）参数设置

根据上述求解思路，通过 MATLAB 软件平台编写相关程序，在计算过程中，具体的相关参数如表 11 所示。

表 11 从油藏边界到矩形边界点位映射计算的参数设置

名称	参数值	说明
高斯雅可比积分节点数确定	$\max\left\{\left[-\log\left(\text{tol}\right)\right], 8\right\}$	其中，tol 为积分方程的绝对误差
积分方程绝对误差	1.00×10^{-10}	
ρ	0.5	Levenberg Marquardt 算法中的参数
σ	0.4	Levenberg Marquardt 算法中的参数
Levenberg Marquardt 算法迭代最大次数	200	实际次数小于 50 次
雅可比椭圆函数计算绝对误差	1.00×10^{-10}	
牛顿法迭代计算雅可比椭圆函数迭代次数	50	

2）多角形内角计算结果

根据实际 X 砂岩油藏的边界点数据（见表 2）所构成的封闭区域，计算内夹角的结果如表 12 所示。

表 12 油藏边界内夹角计算结果数据表

点位编号	内夹角 /°	内夹角 /rad	点位编号	内夹角 /°	内夹角 /rad
1	167.045 0	0.928 03 π	20	163.331 59	0.907 40 π
2	194.104 2	1.078 36 π	21	172.576 15	0.958 76 π
3	202.324 0	1.124 02 π	22	147.787 68	0.821 04 π

点位编号	内夹角 /°	内夹角 /rad	点位编号	内夹角 /°	内夹角 /rad
4	156.289 5	0.868 28 π	23	180.643 9	1.003 58 π
5	160.899 3	0.893 89 π	24	174.378 38	0.968 77 π
6	179.530 7	0.997 39 π	25	176.595 88	0.981 09 π
7	242.145 7	1.345 25 π	26	154.433 12	0.857 96 π
8	200.069 1	1.111 50 π	27	162.597 06	0.903 32 π
9	194.371 2	1.079 84 π	28	148.178 25	0.823 21 π
10	195.856 9	1.088 09 π	29	162.922 27	0.905 12 π
11	191.805 5	1.065 59 π	30	191.177 53	1.062 10 π
12	192.398 3	1.068 88 π	31	190.124 79	1.056 25 π
13	149.800 4	0.832 22 π	32	177.775 82	0.987 64 π
14	189.686 0	1.053 81 π	33	161.137 05	0.895 21 π
15	173.401 7	0.963 34 π	34	198.661 45	1.103 67 π
16	105.948 8	0.588 60 π	35	176.128 71	0.978 49 π
17	102.613 4	0.570 07 π	36	81.487 2	0.452 71 π
18	191.394 3	1.063 30 π	37	107.019 69	0.594 55 π
19	185.843 6	1.032 46 π	38	177.515 73	0.986 20 π

3）矩形边界点位确定结果

根据河流分布情况和油藏边界点的分布情况，结合点位映射的长边与短边的选择规则，首先选择矩形的长边，然后选择短边。将不规则河流边界映射到规则矩形区域边界 4 个顶点点位，选择结果为第 37 号点对应矩形长边第一个顶点，第 16 号点对应矩形长边的第二顶点，第 36 号点对应矩形短边第一个顶点，第 37 号点对应矩形短边的第二顶点，如图 76 所示。

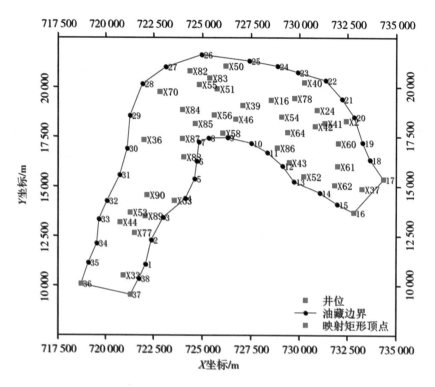

图 76　油藏边界映射为矩形区域的顶点选择结果

4）高斯雅可比权函数及其正交多项式的计算结果

油藏边界点对应的内夹角见表 12，这里需要特别说明的是权函数的两个对应角度参数 α 均为 0，而 β 按照边界点编号在表 12 中给出。关于权值与零点的计算见表 13 和表 14。

表 13　高斯雅可比积分零点计算数据表

雅可比节点编号/油藏边界点编号	1	2	3	4	5	6	7	8	9	10
1	−0.985 7	−0.890 3	−0.712 7	−0.469 4	−0.182 7	0.120 8	0.413 2	0.667 3	0.859 8	0.972 9
2	−0.974 3	−0.865 9	−0.680 5	−0.434 6	−0.150 0	0.148 0	0.432 7	0.679 0	0.864 9	0.973 9
3	−0.976 1	−0.869 5	−0.685 2	−0.439 6	−0.154 7	0.144 0	0.429 9	0.677 3	0.864 2	0.973 7

续　表

雅可比节点编号 / 油藏边界点编号	1	2	3	4	5	6	7	8	9	10
4	−0.971 5	−0.860 2	−0.673 1	−0.426 6	−0.142 6	0.154 1	0.437 1	0.681 6	0.866 0	0.974 1
5	−0.970 0	−0.857 4	−0.669 4	−0.422 7	−0.138 9	0.157 1	0.439 3	0.682 9	0.866 6	0.974 2
6	−0.977 9	−0.873 3	−0.690 1	−0.444 9	−0.159 6	0.140 0	0.427 0	0.675 6	0.863 4	0.973 6
7	−0.977 1	−0.871 7	−0.688 0	−0.442 6	−0.157 5	0.141 7	0.428 2	0.676 3	0.863 7	0.973 6
8	−0.974 0	−0.865 2	−0.679 6	−0.433 6	−0.149 1	0.148 7	0.433 3	0.679 3	0.865 0	0.973 9
9	−0.962 8	−0.843 6	−0.651 9	−0.404 2	−0.121 6	0.171 3	0.449 5	0.689 0	0.869 3	0.974 7
10	−0.970 4	−0.858 1	−0.670 4	−0.423 8	−0.139 9	0.156 3	0.438 7	0.682 6	0.866 4	0.974 2
11	−0.971 4	−0.860 1	−0.673 0	−0.426 5	−0.142 5	0.154 2	0.437 2	0.681 7	0.866 1	0.974 1
12	−0.971 2	−0.859 6	−0.672 3	−0.425 8	−0.141 8	0.154 7	0.437 6	0.681 9	0.866 2	0.974 1
13	−0.971 9	−0.861 0	−0.674 1	−0.427 7	−0.143 6	0.153 2	0.436 5	0.681 3	0.865 9	0.974 1
14	−0.971 8	−0.860 8	−0.673 9	−0.427 5	−0.143 3	0.153 5	0.436 7	0.681 4	0.865 9	0.974 1
15	−0.979 0	−0.875 5	−0.693 1	−0.448 1	−0.162 6	0.137 5	0.425 2	0.674 5	0.862 9	0.973 5
16	−0.972 2	−0.861 7	−0.675 1	−0.428 8	−0.144 5	0.152 5	0.436 0	0.680 9	0.865 7	0.974 0
17	−0.975 0	−0.867 3	−0.682 4	−0.436 6	−0.151 8	0.146 4	0.431 6	0.678 4	0.864 6	0.973 8
18	−0.985 9	−0.890 7	−0.713 2	−0.469 9	−0.183 2	0.120 4	0.412 9	0.667 1	0.859 7	0.972 8
19	−0.986 4	−0.891 9	−0.714 8	−0.471 6	−0.184 8	0.119 1	0.411 9	0.666 5	0.859 4	0.972 8
20	−0.971 9	−0.861 1	−0.674 3	−0.427 9	−0.143 8	0.153 1	0.436 4	0.681 2	0.865 9	0.974 1
21	−0.972 9	−0.863 0	−0.676 8	−0.430 6	−0.146 3	0.151 0	0.435 0	0.680 3	0.865 5	0.974 0
22	−0.976 7	−0.870 8	−0.686 9	−0.441 5	−0.156 4	0.142 6	0.428 9	0.676 7	0.863 9	0.973 7
23	−0.975 2	−0.867 6	−0.682 7	−0.437 0	−0.152 2	0.146 1	0.431 4	0.678 2	0.864 5	0.973 8
24	−0.979 3	−0.876 2	−0.694 0	−0.449 0	−0.163 5	0.136 7	0.424 6	0.674 2	0.862 8	0.973 5
25	−0.973 8	−0.864 8	−0.679 1	−0.433 1	−0.148 6	0.149 1	0.433 6	0.679 5	0.865 1	0.973 9
26	−0.974 9	−0.867 0	−0.681 9	−0.436 1	−0.151 4	0.146 8	0.431 9	0.678 5	0.864 7	0.973 8

雅可比节点编号 / 油藏边界点编号	1	2	3	4	5	6	7	8	9	10
27	−0.974 5	−0.866 2	−0.680 9	−0.435 0	−0.150 4	0.147 6	0.432 5	0.678 9	0.864 8	0.973 9
28	−0.978 2	−0.873 9	−0.691 0	−0.445 8	−0.160 5	0.139 3	0.426 5	0.675 3	0.863 3	0.973 6
29	−0.976 9	−0.871 1	−0.687 3	−0.441 8	−0.156 8	0.142 4	0.428 7	0.676 6	0.863 8	0.973 7
30	−0.979 2	−0.876 1	−0.693 8	−0.448 9	−0.163 4	0.136 9	0.424 8	0.674 2	0.862 8	0.973 5
31	−0.976 8	−0.871 0	−0.687 1	−0.441 7	−0.156 6	0.142 5	0.428 8	0.676 7	0.863 9	0.973 7
32	−0.972 0	−0.861 2	−0.674 4	−0.428 0	−0.143 9	0.153 0	0.436 4	0.681 2	0.865 8	0.974 1
33	−0.972 2	−0.861 6	−0.674 9	−0.428 5	−0.144 3	0.152 6	0.436 1	0.681 0	0.865 8	0.974 0
34	−0.974 3	−0.865 8	−0.680 4	−0.434 5	−0.149 9	0.148 0	0.432 8	0.679 1	0.864 9	0.973 9
35	−0.977 1	−0.871 6	−0.687 9	−0.442 5	−0.157 4	0.141 8	0.428 3	0.676 4	0.863 7	0.973 6
36	−0.970 7	−0.858 6	−0.671 1	−0.424 5	−0.140 6	0.155 7	0.438 3	0.682 4	0.866 4	0.974 2
37	−0.974 6	−0.866 4	−0.681 1	−0.435 3	−0.150 6	0.147 4	0.432 4	0.678 8	0.864 8	0.973 9
38	−0.989 5	−0.899 2	−0.724 7	−0.482 4	−0.195 0	0.110 6	0.405 7	0.662 8	0.857 8	0.972 5
$\alpha=0$ $\beta=0$	−0.973 9	−0.865 1	−0.679 4	−0.433 4	−0.148 9	0.148 9	0.433 4	0.679 4	0.865 1	0.973 9

说明：表 13 中的最后一行用于计算积分方程中的非奇异点对应的雅可比正交多项式的零点，故对应的角度均为 0。

表 14　高斯雅可比积分权值计算数据表

雅可比节点编号 / 油藏边界点编号	1	2	3	4	5	6	7	8	9	10
1	0.284 5	0.339 7	0.354 5	0.348 0	0.325 3	0.288 9	0.241 2	0.184 3	0.120 6	0.052 6
2	0.069 6	0.153 3	0.222 4	0.271 4	0.296 3	0.295 2	0.268 2	0.217 8	0.148 4	0.066 1
3	0.083 7	0.170 9	0.237 1	0.280 7	0.299 9	0.293 9	0.263 8	0.212 4	0.143 8	0.063 9

雅可比节点编号 油藏边界点编号	1	2	3	4	5	6	7	8	9	10
4	0.052 6	0.129 8	0.201 6	0.257 8	0.291 2	0.297 5	0.275 4	0.226 7	0.155 8	0.069 8
5	0.046 1	0.119 8	0.192 2	0.251 5	0.288 8	0.298 8	0.279 2	0.231 3	0.159 7	0.071 7
6	0.102 0	0.191 8	0.253 7	0.291 0	0.303 8	0.292 7	0.259 4	0.207 0	0.139 4	0.061 7
7	0.093 6	0.182 5	0.246 4	0.286 5	0.302 1	0.293 2	0.261 3	0.209 3	0.141 3	0.062 7
8	0.067 2	0.150 2	0.219 7	0.269 7	0.295 7	0.295 5	0.269 1	0.218 8	0.149 2	0.066 6
9	0.025 3	0.083 1	0.154 9	0.225 0	0.279 2	0.306 0	0.298 5	0.255 2	0.179 8	0.081 7
10	0.047 8	0.122 4	0.194 7	0.253 2	0.289 5	0.298 4	0.278 1	0.230 0	0.158 6	0.071 2
11	0.052 4	0.129 4	0.201 2	0.257 5	0.291 1	0.297 6	0.275 6	0.226 9	0.156 0	0.069 9
12	0.051 1	0.127 6	0.199 5	0.256 4	0.290 7	0.297 8	0.276 2	0.227 7	0.156 6	0.070 2
13	0.054 7	0.132 7	0.204 3	0.259 6	0.291 9	0.297 2	0.274 4	0.225 4	0.154 8	0.069 3
14	0.054 1	0.132 0	0.203 6	0.259 1	0.291 7	0.297 3	0.274 7	0.225 8	0.155 0	0.069 4
15	0.115 3	0.205 9	0.264 6	0.297 5	0.306 3	0.292 0	0.256 9	0.203 8	0.136 7	0.060 4
16	0.056 6	0.135 6	0.206 8	0.261 3	0.292 5	0.296 9	0.273 5	0.224 3	0.153 8	0.068 8
17	0.074 8	0.159 9	0.228 0	0.275 0	0.297 7	0.294 7	0.266 5	0.215 6	0.146 6	0.065 3
18	0.291 7	0.344 2	0.357 2	0.349 5	0.325 8	0.288 9	0.240 8	0.183 9	0.120 3	0.052 4
19	0.315 8	0.358 9	0.366 0	0.354 1	0.327 5	0.288 7	0.239 7	0.182 5	0.119 1	0.051 9
20	0.055 0	0.133 3	0.204 8	0.259 9	0.292 0	0.297 1	0.274 2	0.225 2	0.154 6	0.069 2
21	0.060 4	0.140 9	0.211 6	0.264 4	0.293 7	0.296 3	0.271 8	0.222 2	0.152 1	0.068 0
22	0.089 5	0.177 8	0.242 7	0.284 2	0.301 2	0.293 5	0.262 3	0.210 5	0.142 3	0.063 2
23	0.075 9	0.161 3	0.229 2	0.275 7	0.298 0	0.294 6	0.266 1	0.215 2	0.146 2	0.065 1
24	0.119 9	0.210 5	0.268 0	0.299 6	0.307 0	0.291 8	0.256 1	0.202 8	0.135 9	0.060 0
25	0.065 9	0.148 5	0.218 2	0.268 7	0.295 3	0.295 6	0.269 5	0.219 4	0.149 7	0.066 8
26	0.073 5	0.158 3	0.226 7	0.274 1	0.297 4	0.294 8	0.266 9	0.216 1	0.147 0	0.065 5
27	0.070 7	0.154 8	0.223 6	0.272 2	0.296 6	0.295 1	0.267 8	0.217 3	0.148 0	0.065 9

雅可比节点编号 油藏边界点编号	1	2	3	4	5	6	7	8	9	10
28	0.105 6	0.195 7	0.256 8	0.292 8	0.304 5	0.292 5	0.258 7	0.206 1	0.138 6	0.061 4
29	0.090 7	0.179 2	0.243 8	0.284 9	0.301 5	0.293 4	0.262 0	0.210 1	0.142 0	0.063 0
30	0.119 0	0.209 6	0.267 4	0.299 2	0.306 9	0.291 9	0.256 3	0.203 0	0.136 1	0.060 1
31	0.090 2	0.178 6	0.243 3	0.284 6	0.301 3	0.293 4	0.262 1	0.210 3	0.142 1	0.063 1
32	0.055 2	0.133 6	0.205 0	0.260 1	0.292 0	0.297 1	0.274 1	0.225 1	0.154 5	0.069 1
33	0.056 2	0.135 0	0.206 3	0.260 9	0.292 4	0.296 9	0.273 7	0.224 5	0.154 0	0.068 9
34	0.069 3	0.152 9	0.222 0	0.271 2	0.296 2	0.295 2	0.268 3	0.217 9	0.148 5	0.066 2
35	0.093 2	0.182 0	0.246 1	0.286 3	0.302 0	0.293 2	0.261 4	0.209 4	0.141 4	0.062 7
36	0.048 9	0.124 1	0.196 3	0.254 2	0.289 9	0.298 2	0.277 5	0.229 2	0.158 0	0.070 8
37	0.071 3	0.155 5	0.224 3	0.272 6	0.296 8	0.295 0	0.267 6	0.217 1	0.147 7	0.065 8
38	0.541 8	0.472 3	0.428 9	0.385 8	0.339 2	0.288 1	0.232 8	0.173 9	0.112 0	0.048 5
$\alpha=0$ $\beta=0$	0.066 7	0.149 5	0.219 1	0.269 3	0.295 5	0.295 5	0.269 3	0.219 1	0.149 5	0.066 7

说明：表 14 中的最后一行用于计算积分方程中的非奇异点对应的雅可比正交多项式的权值，故对应的角度均为 0。

5）带状区域边界初始化结果

根据上述的初始化方法，对 X 砂岩油藏边界映射到带状区域边界的 38 个点进行初始化，结果见表 15。

表 15　带状区域边界初始化结果数据表

序号	油藏边界		带状区域边界初值		备注
	X 坐标 /m	Y 坐标 /m	X 坐标 /m	X 坐标 /m	
1	722 110.930	11 053.110	1.062	1.062	
2	722 402.420	12 282.780	1.593	1.593	
3	722 992.990	13 420.170	2.124	2.124	

续　表

序号	油藏边界		带状区域边界初值		备注
	X 坐标 /m	Y 坐标 /m	X 坐标 /m	X 坐标 /m	
4	724 130.390	14 382.580	2.655	2.655	
5	724 611.590	15 366.860	3.186	3.186	
6	724 720.950	16 263.650	3.717	3.717	
7	724 830.320	17 226.060	4.247	4.247	
8	725 333.400	17 422.920	4.778	4.778	
9	726 295.810	17 444.790	5.309	5.309	
10	727 520.690	17 160.440	5.840	5.840	
11	728 351.860	16 701.110	6.371	6.371	
12	729 139.290	16 023.050	6.902	6.902	
13	729 729.860	15 235.620	7.433	7.433	
14	731 079.780	14 664.540	7.964	7.964	
15	731 975.150	14 091.560	8.495	8.495	
16	732 838.200	13 670.280	9.026	9.026	矩形长边第二点
17	734 359.300	15 361.580	9.026	9.026	矩形短边第一点
18	733 666.070	16 336.350	8.551	8.551	
19	733 279.030	17 204.630	8.076	8.076	
20	732 855.350	18 494.660	7.601	7.601	
21	732 226.260	19 398.120	7.126	7.126	
22	731 372.120	20 337.670	6.651	6.651	
23	729 921.070	20 740.460	6.176	6.176	
24	728 870.670	21 044.790	5.701	5.701	
25	727 414.960	21 315.540	5.226	1	
26	724 961.560	21 622.520	4.750	1	
27	723 124.230	21 010.080	4.275	1	

续　表

序号	油藏边界		带状区域边界初值		备注
	X 坐标 /m	Y 坐标 /m	X 坐标 /m	X 坐标 /m	
28	721 943.090	20 157.030	3.800	1	
29	721 286.910	18 560.310	3.325	1	
30	721 133.790	16 897.970	2.850	1	
31	720 740.080	15 563.720	2.375	1	
32	720 083.890	14 251.340	1.900	1	
33	719 668.310	13 332.680	1.425	1	
34	719 551.800	12 117.770	0.950	1	
35	719 111.980	11 136.350	0.475	1	
36	718 718.300	10 070.270	0.000	1	矩形短边第二点
37	721 313.970	9 530.120	0.000	0	矩形长边第一点
38	721 757.630	10 337.970	0.531	0	

6）多角形区域到带状区域计算结果参数

表 16　油藏边界到带状区域边界计算结果数据表

序号	油藏边界		带状区域边界		伸缩因子	
	X 坐标 /m	Y 坐标 /m	X 坐标 /m	Y 坐标 /m	实部 /m	虚部 /m
1	721 313.970	9 530.120	0.000	0		
2	721 757.630	10 337.970	0.216	0	3 927 717.065	1 286 717.914
3	722 110.930	11 053.110	0.467	0	3 927 717.065	1 286 717.914
4	722 402.420	12 282.780	0.921	0	3 927 717.065	1 286 717.914
5	722 992.990	13 420.170	1.439	0	3 927 717.065	1 286 717.914
6	724 130.390	14 382.580	1.866	0	3 927 717.065	1 286 717.914
7	724 611.590	15 366.860	2.084	0	3 927 717.065	1 286 717.914

续　表

序号	油藏边界		带状区域边界		伸缩因子	
	X 坐标 /m	Y 坐标 /m	X 坐标 /m	Y 坐标 /m	实部 /m	虚部 /m
8	724 720.950	16 263.650	2.301	0	3 927 717.065	1 286 717.914
9	724 830.320	17 226.060	2.703	0	3 927 717.065	1 286 717.914
10	725 333.400	17 422.920	3.012	0	3 927 717.065	1 286 717.914
11	726 295.810	17 444.790	3.404	0	3 927 717.065	1 286 717.914
12	727 520.690	17 160.440	3.842	0	3 927 717.065	1 286 717.914
13	728 351.860	16 701.110	4.158	0	3 927 717.065	1 286 717.914
14	729 139.290	16 023.050	4.468	0	3 927 717.065	1 286 717.914
15	729 729.860	15 235.620	4.687	0	3 927 717.065	1 286 717.914
16	731 079.780	14 664.540	5.041	0	3 927 717.065	1 286 717.914
17	731 975.150	14 091.560	5.370	0	3 927 717.065	1 286 717.914
18	732 838.200	13 670.280	5.577	0	3 927 717.065	1 286 717.914
19	734 359.300	15 361.580	5.577	1	3 927 717.065	1 286 717.914
20	733 666.070	16 336.350	5.261	1	3 927 717.065	1 286 717.914
21	733 279.030	17 204.630	4.949	1	3 927 717.065	1 286 717.914
22	732 855.350	18 494.660	4.647	1	3 927 717.065	1 286 717.914
23	732 226.260	19 398.120	4.470	1	3 927 717.065	1 286 717.914
24	731 372.120	20 337.670	4.300	1	3 927 717.065	1 286 717.914
25	729 921.070	20 740.460	4.078	1	3 927 717.065	1 286 717.914
26	728 870.670	21 044.790	3.877	1	3 927 717.065	1 286 717.914
27	727 414.960	21 315.540	3.594	1	3 927 717.065	1 286 717.914
28	724 961.560	21 622.520	3.174	1	3 927 717.065	1 286 717.914
29	723 124.230	21 010.080	2.916	1	3 927 717.065	1 286 717.914
30	721 943.090	20 157.030	2.746	1	3 927 717.065	1 286 717.914
31	721 286.910	18 560.310	2.511	1	3 927 717.065	1 286 717.914

序号	油藏边界		带状区域边界		伸缩因子	
	X 坐标 /m	Y 坐标 /m	X 坐标 /m	Y 坐标 /m	实部 /m	虚部 /m
32	721 133.790	16 897.970	2.143	1	3 927 717.065	1 286 717.914
33	720 740.080	15 563.720	1.706	1	3 927 717.065	1 286 717.914
34	720 083.890	14 251.340	1.234	1	3 927 717.065	1 286 717.914
35	719 668.310	13 332.680	0.949	1	3 927 717.065	1 286 717.914
36	719 551.800	12 117.770	0.540	1	3 927 717.065	1 286 717.914
37	719 111.980	11 136.350	0.164	1	3 927 717.065	1 286 717.914
38	718 718.300	10 070.270	0.000	1	3 927 717.065	1 286 717.914

说明：表 16 中的伸缩因子由相邻两点计算得到，故第一点为空，表中的计算的伸缩因子基本一致。

7）矩形顶点计算结果

根据映射模量，通过计算第一类完全椭圆函数，得到矩形的 4 个顶点。根据前面方法，这里得到的映射模型为 5.577 054。

矩形映射顶点数据如表 17 所示。

表 17　矩形映射顶点数据表

序号	X 坐标 /m	Y 坐标 /m	备注
1	1.570 796	0	矩形长边第一顶点
2	1.570 796	18.907 13	矩形长边第二顶点
3	−1.5 708	18.907 13	矩形短边第一顶点
4	−1.5 708	0	矩形短边第二顶点

8）矩形边界初始化结果

通过带状区域到矩形区域边界映射点的初始化方法，在矩形 4 个顶点的约束下，对带状区域的 38 个点进行初始化，结果如图 77 所示。

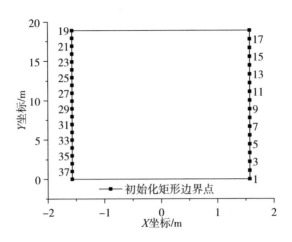

图 77　矩形边界初始化示意图

9）矩形区域到带状区域计算结果

通过上述的油藏边界到矩形边界映射的计算思路，通过 MATLAB 软件编程相关程序，计算得到油藏边界 38 个点与矩形边界 38 个点，具体结果如表 18 所示。

表 18　油藏边界—带状区域边界—矩形边界映射计算数据表

序号	油藏边界		带状区域边界		矩形区域边界	
	X 坐标 /m	Y 坐标 /m	X 坐标 /m	Y 坐标 /m	X 坐标 /m	Y 坐标 /m
1	722 110.930	11 053.110	0.467	0	1.571	2.145
2	722 402.420	12 282.780	0.921	0	1.571	3.586
3	722 992.990	13 420.170	1.439	0	1.571	5.213
4	724 130.390	14 382.580	1.866	0	1.571	6.554
5	724 611.590	15 366.860	2.084	0	1.571	7.239
6	724 720.950	16 263.650	2.301	0	1.571	7.923
7	724 830.320	17 226.060	2.703	0	1.571	9.184
8	725 333.400	17 422.920	3.012	0	1.571	10.156
9	726 295.810	17 444.790	3.404	0	1.571	11.386

续　表

序号	油藏边界		带状区域边界		矩形区域边界	
	X 坐标 /m	Y 坐标 /m	X 坐标 /m	Y 坐标 /m	X 坐标 /m	Y 坐标 /m
10	727 520.690	17 160.440	3.842	0	1.571	12.764
11	728 351.860	16 701.110	4.158	0	1.571	13.756
12	729 139.290	16 023.050	4.468	0	1.571	14.730
13	729 729.860	15 235.620	4.687	0	1.571	15.418
14	731 079.780	14 664.540	5.041	0	1.571	16.540
15	731 975.150	14 091.560	5.370	0	1.571	17.639
16	732 838.200	13 670.280	5.577	0	1.571	18.907
17	734 359.300	15 361.580	5.577	1	−1.571	18.907
18	733 666.070	16 336.350	5.261	1	−1.571	17.258
19	733 279.030	17 204.630	4.949	1	−1.571	16.247
20	732 855.350	18 494.660	4.647	1	−1.571	15.294
21	732 226.260	19 398.120	4.470	1	−1.571	14.736
22	731 372.120	20 337.670	4.300	1	−1.571	14.203
23	729921.070	20 740.460	4.078	1	−1.571	13.505
24	728 870.670	21 044.790	3.877	1	−1.571	12.874
25	727 414.960	21 315.540	3.594	1	−1.571	11.983
26	724 961.560	21 622.520	3.174	1	−1.571	10.664
27	723 124.230	21 010.080	2.916	1	−1.571	9.854
28	721 943.090	20 157.030	2.746	1	−1.571	9.321
29	721 286.910	18 560.310	2.511	1	−1.571	8.582
30	721 133.790	16 897.970	2.143	1	−1.571	7.425

续　表

序号	油藏边界		带状区域边界		矩形区域边界	
	X 坐标 /m	Y 坐标 /m	X 坐标 /m	Y 坐标 /m	X 坐标 /m	Y 坐标 /m
31	720 740.080	15 563.720	1.706	1	−1.571	6.054
32	720 083.890	14 251.340	1.234	1	−1.571	4.570
33	719 668.310	13 332.680	0.949	1	−1.571	3.672
34	719 551.800	12 117.770	0.540	1	−1.571	2.382
35	719 111.980	11 136.350	0.164	1	−1.571	1.105
36	718 718.300	10 070.270	0.000	1	−1.571	0.000
37	721 313.970	9 530.120	0.000	0	1.571	0.000
38	721 757.630	10 337.970	0.216	0	1.571	1.300

图 78 中的 36、17 与 37、16 点位为选定的矩形长边，16、17 与 36、37 点位为矩形短边。

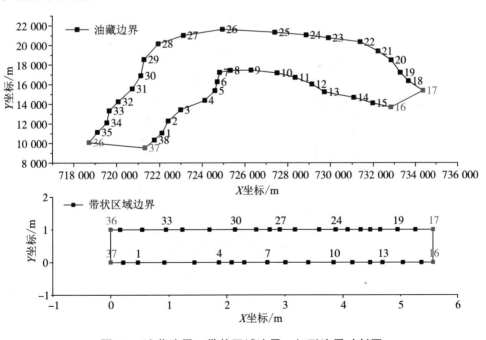

图 78　油藏边界—带状区域边界—矩形边界映射图

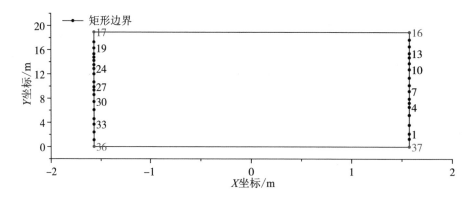

图 78　油藏边界—带状区域边界—矩形边界映射图（续）

10）精度评定结果

Levenberg Marquardt 算法对积分迭代计算的绝对误差与迭代次数的关系如图 79 所示，在迭代前 11 次，随着迭代，绝对误差呈线性下降，在迭代的 11 ～ 29 次，绝对误差下降缓慢，下降到 10^{-2} 数量级，但 30 次以后，误差下降很快，说明在接近真值的局部范围内，Levenberg Marquardt 算法在计算多角形区域到带状区域边界 Schwarz Christoffel 变换中效率很高，但对初值要求较高。采用 Levenberg Marquardt 算法计算积分方程的绝对误差为 6.959×10^{-14}。

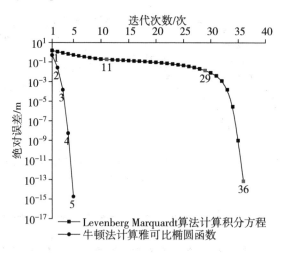

图 79　油藏边界—带状区域—矩形边界映射计算绝对误差与迭代次数的关系

牛顿法计算复参数雅可比椭圆函数的绝对误差与迭代次数的关系如图 79 所示。从图 79 中可以看出，牛顿法迭代计算的效率很高，在迭代 5 次时，边界上 38 个点的绝对误差基本都能达到 10^{-14} 数量级，其原因一是雅可比椭圆函数的导函数是存在的，在计算的区域中不存在奇点，二是本书给出的矩形边界点初始化方法是合理的，能够保证牛顿法高效迭代。采用牛顿法计算雅可比椭圆函数的绝对误差为 1.776×10^{-15}。最后根据整理映射的绝对误差评价方法，得出整理映射计算的绝对误差为 6.451×10^{-10}。

4.4.2　已知多边形内部点，求矩形区域的保形映射点

在这个过程中，多角形到带状区域以及矩形到带状区域的边界的映射点、伸缩系数都必须是已知的，即 4.4.1 所求的参数都是已知的，在上述条件下，才能根据多角形内部的点位计算对应的矩形区域中的保形映射点。具体计算关系可由式（155）～式（156）表示：

$$w_{\text{ink}} - w_{\text{bi}} = A \int_{z_{\text{bi}}}^{z_{\text{ink}}} \prod_{j=0}^{N} f_j(\xi) \mathrm{d}\xi \qquad (155)$$

其中，w_{ink}，w_{bi} 分别为多边形内部与边界上的点（m）；z_{ink}，z_{bi} 分别为带状区域内部与边界上的点，是 w_{ink}，w_{bi} 对应的映射点（m）。

$$z_{\text{ink}} = \frac{1}{\pi} \ln\left(\operatorname{sn}\left(u_{\text{ink}} \mid l\right)\right) \qquad (156)$$

其中，u_{ink} 为矩形区域内部的点（m）；z_{ink} 为带状区域内部的点（m）。

1. 求解的基本思路

求解上述问题的主线：首先要通过高斯雅可比积分方程的计算，得到由多角形区域点位到带状区域点位的映射计算，然后根据已知的矩形参数以及带状区域的点位，通过雅可比椭圆函数的计算得到矩形区域的映射点，计算基本思路如图 80 所示。要实现上述过程，主要需解决四个关键问题。

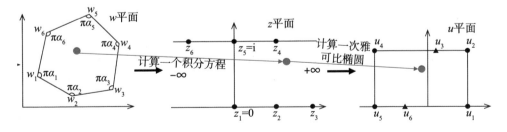

图 80　从多角形区域内点到矩形区域内点求解基本方案设计

一是积分方程如何进行计算。这里的积分方程的计算与 4.4.1 节积分方程的计算有两点不同，一个是积分路径不同，另一个是积分路径中所含奇点的个数不同。在 4.4.1 节积分的路径在多角形边界相邻两点之间进行，而且边界的两个端点均为奇点，而本节所要积分的路径是从多角形区域边界点到该区域内部任一点，路线可以选取以两点的连线为直线的积分路径，该路径只有一个奇点，即多角形区域边界点为奇点。

二是积分路径长度如何处理。我们知道，若高斯雅可比积分的节点选择太少，且积分路径较长，则积分的精度不高，若要达到积分方程满足的限差，必须增加迭代次数，同时会影响后续计算结果。对于该问题，本研究采用两个途径进行解决，一个是参见文献 [19] 的处理方法，将积分路线的子区间进行适当的缩小，另一个是在多角形区域中寻找要映射点位距多角形区域边界哪个点位最近，将这个最近的点位作为积分的起点，这样也可以非常有效地防止积分路径太长而导致计算精度不高。

三是如何在带状区域中选择点位，使其通过积分方程的计算来满足多角形区域点位的限差要求。从理论上来说，以带状区域上的点位为未知数，建立一个积分方程，一个方程一个未知数是可以求解的，但这个积分方程式是个非线性很强的方程，也可以采用前面介绍过的 Levenberg Marquardt 算法求解，若这样求解，就必须建立一个实参数与复参数变换规则以适应 Levenberg Marquardt 算法，理论上这样是可行的，但实际这种变换规则很难建立。根据黎曼原理可知，这个未知的点位一定位于带状区域内部，且是唯一的，因此我们可以借鉴一些最优化原理来解决这个问题。参照 2.1.4 节变差函数的拟合方法中的粒子群算法，以积分方程与点位误差最小作为目标函数，未知参数的解空间就是在带状区域上，建立未知参数的二维粒子群空间，以进行可行解的搜索，这样就避免建立参数与复参数的转换关系，从而简化该问题的求解。

四是雅可比椭圆函数的计算。这里的雅可比椭圆函数的计算也可以采用 4.4.1 已知多边形边界，求矩形边界的保形映射的点中雅可比椭圆函数的计算方法，也可以采用前面介绍过的粒子群算，但计算比较耗时，因此提出牛顿迭代。牛顿迭代法的理论简单，但初值的选择对计算的速度很重要。初值的确定思路大致如下：首先将带状区域及内部点位向下平移 0.5，然后根据带状区域边界与矩形区域边界的对应关系进行边界长度的缩放，如图 81 所示。

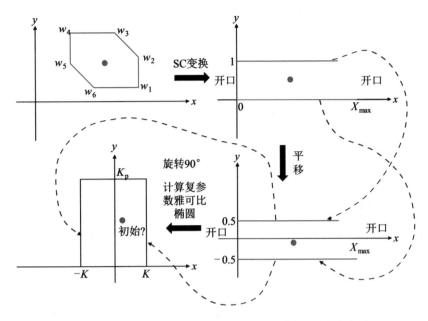

图 81　复参数雅可比椭圆函数牛顿法计算初值确定方法

具体计算步骤如下。

第一步：带状区域内点的平移。

$$z_{\text{inkp}} = \text{Re}\left(z_{\text{ink}}\right) + \left[\text{Im}\left(z_{\text{ink}}\right) - 0.5\right] \times \text{i} \tag{157}$$

其中，z_{inkp} 为带状区域内点平移后的点位（m）。

第二步：坐标旋转。

$$\begin{aligned}
z_{\text{inkx}} = {} & \text{Re}\left(z_{\text{inkp}}\right)\cos\left(\frac{\pi}{2}\right) - \text{Im}\left(z_{\text{inkp}}\right)\sin\left(\frac{\pi}{2}\right) + \\
& \left[\text{Re}\left(z_{\text{inkp}}\right)\sin\left(\frac{\pi}{2}\right) + \text{Im}\left(z_{\text{inkp}}\right)\cos\left(\frac{\pi}{2}\right)\right] \times \text{i}
\end{aligned} \tag{158}$$

其中，z_{inkx} 为带状区域内点旋转 90° 后的点位（m）。

第三步：缩放变换。

$$x = 2K \times \left[\text{Re}\left(z_{\text{inkx}}\right) - 0.5\right] + K \tag{159}$$

$$y = \frac{K_{\text{P}}}{2K} \times \left[\text{Im}\left(z_{\text{inkx}}\right) - K\right] + K_{\text{P}} \tag{160}$$

$$z_{\text{ink}}^{'} = x + y \times \text{i} \tag{161}$$

其中，z'_{ink}为复参数雅可比椭圆函数的初值（m）；K为矩形的宽度的一半（m）；K_p为矩形的高度（m）。

2.求解的基本流程

基于以上求解的思路，具体求解流程如图 82 所示，详细的计算步骤如下。

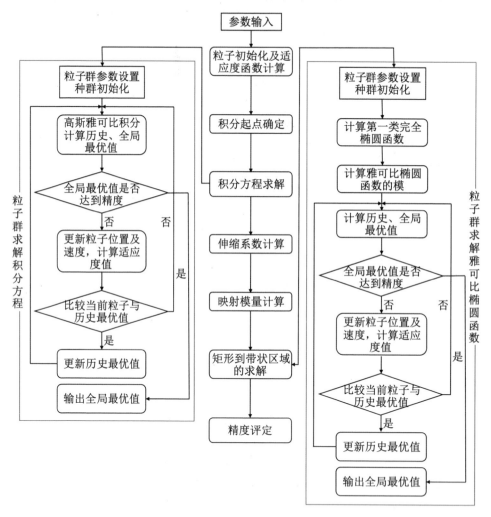

图 82 从多角形区域内部到矩形内部点位映射计算主要步骤流程图

（1）已知数据的输入，积分方程的误差，多角形区域的顶点，带状区域边界的映射点，矩形区域边界的映射点，高斯雅可比积分权值与零点，多角形区域到带状区域映射的点位误差，矩形区域到带状区域迭代计算误差，积分路径长的调控参数。若采用牛顿法，则需要输入迭代次数。若采用优化粒子群算

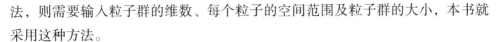

法，则需要输入粒子群的维数、每个粒子的空间范围及粒子群的大小，本书就采用这种方法。

（2）基于粒子群优化的求解过程（从多角形区域到带状区域）。

①每个粒子的位置与速度的初始化以及适应度函数局部最优与全局最优的计算。获取带状区域点位的粒子群。

②根据多角形边界点位与其内部要求映射点位（带状区域点位的粒子群）计算距该点最近的边界点，以最近的边界点作为积分路径的起点。

③采用高斯雅可比积分方法计算每个粒子的适应度函数，并计算每个粒子的历史最优值，同时计算全局最优值。

④根据多角形区域到带状区域映射的点位误差判断全局值是否达到所需精度，若达到精度，则停止计算，输出全局最优粒子的位置，即所求映射的点位，否则进行⑤步。

⑤根据一定的规则更新每个粒子的速度及位置，计算每个粒子的适应度函数。

⑥比较当前每个粒子适应度函数与其历史最优（局部最优）位置处的适应度函数值，以目标函数的最小值为例，若当前粒子的适应度函数小于其历史最优位置的适应度函数值，则将当前粒子存入历史最优位置。

⑦比较当前每个粒子适应度函数与全局历史最优位置处的适应度函数值，以目标函数的最小值为例，若当前粒子的适应度函数小于其全局历史最优位置处的适应度函数值，则将当前粒子存入全局最优位置，并计算适应度函数全局最优值，转入④步。

（3）伸缩系数的求解。

（4）映射模量的求解。

（5）基于粒子群优化的求解过程（从矩形区域到带状区域）。

①初始化矩形区域内要求的未知点位（种群的初始化）。

②根据映射模量计算第一类完全椭圆函数，得到矩形的顶点。

③根据映射模量计算雅可比椭圆函数的模。

④根据雅可比椭圆函数的模、矩形顶点和初始值（每个粒子的位置与速度的初始化以及适应度函数局部最优与全局最优值），计算雅可比椭圆积分，得到带状区域的点位。

⑤根据矩形区域到带状区域迭代计算误差判断是否终止计算，若达到精度

要求，则输出映射点位的结果（全局最优粒子的位置），否则进行⑥步。

⑥根据一定规则更新每个粒子的速度及位置，计算每个适应度函数。

⑦比较当前每个粒子适应度函数与其历史最优（局部最优）位置处的适应度函数值，以目标函数的最小值为例，若当前粒子的适应度函数小于其历史最优位置的适应度函数值，则将当前粒子存入历史最优位置。

⑧比较当前每个粒子适应度函数与全局历史位置处的适应度函数值，以目标函数的最小值为例，若当前粒子的适应度函数小于其全局历史最优位置处的适应度函数值，则将当前粒子存入全局最优位置，并计算适应度函数全局最优值，转入③步。

（6）精度评定。

3.求解的结果及分析

本小节主要解决实际油藏中的井位到矩形区域映射位置的计算问题。本小节计算的参数以及数据均来自 3.4.1 节的井位数据，也是在 4.4.1 节中油藏边界与矩形边界映射参数的基础上得到井位在矩形区域的映射的位置。

1）参数设置

从油藏内部井位到矩形区域点位映射计算的参数设置如表 19 所示。

表 19　从油藏内部井位到矩形区域点位映射计算的参数设置

名　称	参数值	说明
PSO 算法绝对误差	1.00×10^{-10}	用于 PSO 计算的终止条件
PSO 算法迭代次数	500	
PSO 算法种群数量	100	
PSO 算法粒子维数	2	带状区域为二维
PSO 算法粒子范围	[min（real(z））$-L \cdot 0.5$ max（real(z））$+L \cdot 0.5$ [0 1]	z 为带状区域边界，L 为带状区域的长度，real(z）为 z 的实部
PSO 算法中的非线性递减参数	0.95　0.4	MaxW、MinW 凹函数递减参数
PSO 算法惯性权重系数	2　2	C1、C2 惯性权重系数
牛顿法计算雅可比椭圆函数迭代次数	50	
雅可比椭圆函数迭代绝对误差	1.00×10^{-10}	

2）带状区域中的井位的计算结果

通过上述计算方法得到带状区域中 38 口井的井位，如图 83 所示。

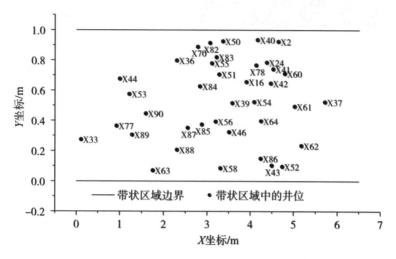

图 83　从油藏内部井位到带状区域映射井位分布图

从油藏内部井位到带状区域点位映射计算数据如表 20 所示。

表 20　从油藏内部井位到带状区域点位映射计算数据表

序　号	X 坐标 /m	Y 坐标 /m	序号	X 坐标 /m	Y 坐标 /m
1	4.645 1	0.921 7	20	5.028 0	0.492 6
2	3.909 0	0.653 9	21	5.182 7	0.232 1
3	4.381 1	0.783 1	22	1.762 9	0.069 4
4	3.587 5	0.515 7	23	4.248 7	0.396 3
5	4.164 7	0.932 7	24	2.786 1	0.887 6
6	4.526 8	0.739 1	25	0.928 7	0.363 4
7	4.471 9	0.644 6	26	4.135 8	0.764 5
8	4.501 0	0.102 7	27	3.066 1	0.912 3
9	1.005 8	0.675 2	28	3.220 0	0.818 3
10	3.511 6	0.322 1	29	2.841 0	0.624 4
11	3.370 5	0.923 7	30	2.878 8	0.372 3

续　表

序　号	X坐标/m	Y坐标/m	序　号	X坐标/m	Y坐标/m
12	3.281 7	0.703 1	31	4.245 1	0.149 2
13	4.743 3	0.094 6	32	2.559 7	0.350 1
14	1.223 1	0.573 8	33	2.312 9	0.205 5
15	4.092 2	0.523 1	34	1.285 7	0.305 0
16	3.111 5	0.777 2	35	0.113 4	0.272 8
17	3.199 5	0.392 7	36	2.309 2	0.795 5
18	3.310 3	0.084 4	37	5.720 3	0.521 7
19	4.799 2	0.709 0	38	1.603 1	0.446 2

3）矩形区域中井位的计算结果

通过上述计算方法，得到多角形油藏区域中的 38 口井映射到矩形区域中的井位，井位分布如图 84 所示，井位具体数据如表 21 所示。

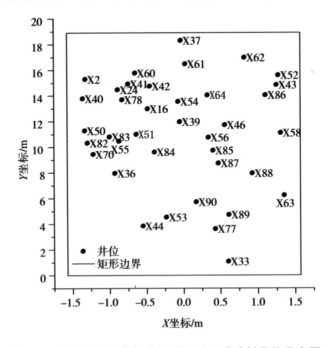

图 84　从带状区域内部井位到矩形区域映射井位分布图

表 21　从带状区域内部井位到矩形区域点位映射计算数据表

序号	X 坐标 /m	Y 坐标 /m	序号	X 坐标 /m	Y 坐标 /m
1	−1.324 3	15.286 9	20	0.022 8	16.481 1
2	−0.483 5	12.973 7	21	0.820 8	16.976 7
3	−0.889 3	14.456 9	22	1.352 9	6.231 5
4	−0.049 3	11.963 7	23	0.325 6	14.040 8
5	−1.359 4	13.777 1	24	−1.217 7	9.446 1
6	−0.750 9	14.914 4	25	0.428 6	3.611 1
7	−0.454 0	14.741 9	26	−0.831 0	13.686 3
8	1.247 9	14.833 6	27	−1.295 3	10.325 7
9	−0.550 1	3.853 1	28	−1.000 1	10.809 1
10	0.558 8	11.725 3	29	−0.390 7	9.618 3
11	−1.331 1	11.281 9	30	0.401 1	9.737 3
12	−0.638 2	11.002 8	31	1.102 1	14.029 7
13	1.273 0	15.595 7	32	0.470 9	8.734 7
14	−0.231 8	4.535 8	33	0.925 3	7.959 4
15	−0.072 4	13.549 0	34	0.612 6	4.732 2
16	−0.870 9	10.468 1	35	0.603 1	1.084 9
17	0.337 0	10.744 7	36	−0.928 3	7.947 6
18	1.305 6	11.092 8	37	−0.036 7	18.307 2
19	−0.654 6	15.769 8	38	0.169 1	5.729 3

4）精度评定结果

通过上述方法计算，得到 X 砂岩油藏 38 口井在矩形区域中的位置。这里特别需要说明的是，从油藏边界到带状区域边界在映射过程中存在边界的缩放问题，同时从带状区域到矩形区域映射也存在缩放的问题，结合实际的井位参数以及求解的伸缩系数而言，相对于前面一个过程，后面这一过程的映射缩放比例很小，可以忽略。这里还要说明一点，前面的缩放是整理缩放，而后面的

缩放在 x 轴方向和 y 轴方向是不一致的，因此表 21 中给出的矩形区域的映射数据是没有考虑伸缩系数、x 轴方向和 y 轴方向的缩放的。在表 22 中给出的绝对误差也没有考虑缩放影响，通过表 22 中的绝对误差与伸缩系数的大小对比，即考虑缩放的影响，计算的点位绝对误差也在 10^{-4} m 以下。这样的精度能够满足工程计算的需要，也说明本书给出的 PSO 算法求解积分方程可以达到高精度要求，通过表 22 中的第 3 列可以看出，在设定积分方程点位精度为 10^{-10} 情况下，迭代次数没有超过设定的 500 次。表 22 中第 4 列反映了牛顿法迭代计算雅可比椭圆函数的绝对误差，其绝对误差在 10^{-16} 数量级以下，其根本原因就是本书所给的初始化方法比较接近映射点位，便于牛顿法迭代的计算，如图 85 所示。从图 85 中也可以看出，本书初始化方法在 y 方向上误差较大，在 x 方向上误差较小。

表 22　PSO 算法求解积分方程与牛顿法求解雅可比椭圆函数绝对误差数据表

井 名	PSO 计算绝对误差 /m	PSO 迭代次数 / 次	牛顿法迭代计算雅可比椭圆函数绝对误差 /m
X2	3.64×10^{-12}	244	8.88×10^{-16}
X16	3.64×10^{-12}	229	1.11×10^{-16}
X24	8.73×10^{-11}	229	0
X39	6.18×10^{-11}	225	0
X40	8.37×10^{-11}	235	0
X41	5.82×10^{-11}	233	8.95×10^{-16}
X42	4.37×10^{-11}	237	8.88×10^{-16}
X43	9.09×10^{-11}	238	4.16×10^{-17}
X44	4.00×10^{-11}	223	3.14×10^{-16}
X46	6.91×10^{-11}	223	5.55×10^{-17}
X50	6.18×10^{-11}	227	4.44×10^{-16}
X51	3.64×10^{-12}	229	4.44×10^{-16}
X52	3.64×10^{-11}	240	5.55×10^{-17}
X53	6.55×10^{-11}	224	2.22×10^{-16}

井　名	PSO 计算绝对误差 /m	PSO 迭代次数 / 次	牛顿法迭代计算雅可比椭圆函数绝对误差 /m
X54	5.09×10^{-11}	230	0
X55	1.82×10^{-11}	233	0
X56	6.55×10^{-11}	233	0
X58	4.37×10^{-11}	227	4.44×10^{-16}
X60	9.46×10^{-11}	229	1.11×10^{-16}
X61	3.46×10^{-11}	221	5.55×10^{-17}
X62	6.73×10^{-11}	232	5.55×10^{-17}
X63	2.55×10^{-11}	230	1.39×10^{-17}
X64	7.28×10^{-11}	228	5.55×10^{-17}
X70	8.37×10^{-11}	231	1.11×10^{-16}
X77	9.28×10^{-11}	228	$0.00 \times 10^{+00}$
X78	7.28×10^{-11}	241	8.88×10^{-16}
X82	5.09×10^{-11}	235	1.11×10^{-16}
X83	1.46×10^{-11}	237	2.22×10^{-16}
X84	3.64×10^{-12}	229	0
X85	1.82×10^{-11}	226	4.44×10^{-16}
X86	5.46×10^{-11}	227	8.90×10^{-16}
X87	6.91×10^{-11}	231	5.55×10^{-17}
X88	5.09×10^{-11}	224	2.78×10^{-17}
X89	$2.18 \times 10-11$	222	2.22×10^{-16}
X33	$5.82 \times 10-11$	226	5.55×10^{-17}
X36	$2.55 \times 10-11$	231	1.11×10^{-16}
X37	$9.28 \times 10-11$	231	4.44×10^{-16}
X90	$2.73 \times 10-11$	227	0

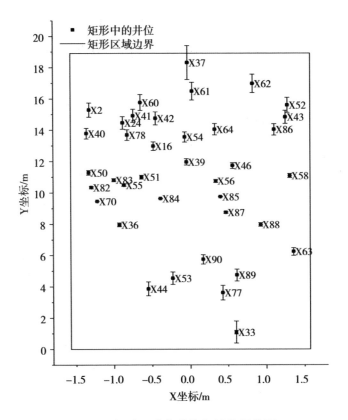

图 85　矩形区域中井位初始化误差图

4.4.3　已知矩形边界，求多角形边界的保形映射点

要求解这个问题，必需的已知条件为映射模量、伸缩系数、多角形的顶点的内角、矩形顶点与多角形区域顶点的对应关系，以及矩形边界的已知点位（从矩形边界映射到多角形边界点位，与矩形顶点互异）。

求解的基本思路及流程如下。

基本求解思路：首先根据映射模型，通过求解第一类完全椭圆函数计算出矩形的 4 个顶点，将矩形边界上所有的点位与已知点位代入雅可比椭圆函数，计算出带状区域上的点，然后在带状区域上按照顺时针方向（非常关键，否则导致映射点位次序不合理）寻求已知点位的映射点和与其相邻的两个矩形顶点的映射点，因为已知点位在矩形边界上，必有两个相邻顶点，找出距离已知点位映射点最近的一个顶点映射点位，若该点在顶点映射点位前方（顺时针方向），则以顶点映射点位作为积分起点，已知点位映射点作为积分的终点，反之亦然，结合伸缩系数，进行从多角形区域边界到带状区域边界积分方程的计算，得出相邻两点的映射距离，最后结合映射点位的对应关系确定矩形边界点位在多角形边界上的具体位置，求解的基本流程如图86所示，具体计算关系可由式（162）～式（163）表示。

$$z_{bi} = \frac{1}{\pi}\ln\left(sn\left(u_{bi}\mid l\right)\right) \quad\quad (162)$$

其中，u_{bi} 为矩形边界上的点（m）；z_{bi} 为带状区域边界上的点（m）。

$$w_{bk} - w_{bi} = A\int_{z_{bi}}^{z_{bk}}\prod_{j=0}^{N}f_j\left(\xi\right)\mathrm{d}\xi \quad\quad (163)$$

其中，w_{bk}，w_{bi} 分别为多角形边界上的点（m）；z_{bk}，z_{bi} 分别为带状区域边界上的点，是 w_{bk}，w_{bi} 对应的映射点（m）。

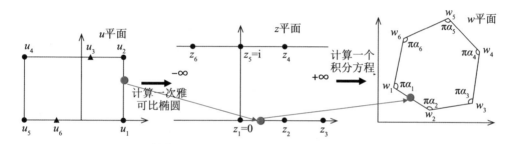

图86　从矩形区域边界点到多角形边界点求解基本方案设计

4.4.4　已知矩形内部点，求多角形区域的保形映射点

在这个过程中，多角形到带状区域以及矩形到带状区域的边界的映射点、伸缩系数都必须是已知的，在上述条件下，才能根据矩形内部的点位计算对应的多角形区域中的保形映射点。

1. 求解的基本思路及流程

基本求解思路：首先，根据映射模型，将矩形内部点位代入复参数的雅可比椭圆函数中计算出带状区域中的映射点位，对矩形边界上同样计算。其次，根据矩形边界上的映射点位进行带状区域的形状的参数的判断与设置，这非常重要，因为带状区域是计算过程中的过渡环节，而且严格要求是一个左右开口的且无限远的条带状区域，对于带状区域的右端开口插入一个点，该点在带状区域中的值为正无限大，在多角形区域中的值为 INF，对应的内角为 0。同理，对于左端开口情况，插入一个点，该点在带状区域中的值为负无限大，在多角形区域中的值为 INF，对应的内角为 0。再次，寻求矩形内部映射点（位于带状区域中的对应点）距矩形边界映射点（位于带状区域的边界）的最近点位，将最近的点位作为积分的起点，将矩形内部映射点阻力作为积分的终点，结合伸缩系数，通过高斯雅可比积分方程计算。最后，结合边界点位的对应的映射关系，求解从矩形区域内部映射到多角形区域内部的映射点。求解的基本流程如图 87 所示，具体计算关系可由式（164）～式（165）表示。

$$z_{\text{ini}} = \frac{1}{\pi} \ln \left(\text{sn} \left(u_{\text{ini}} \mid l \right) \right) \tag{164}$$

其中，u_{ini} 为矩形区域内部的点（m）；z_{ini} 为带状区域内部的点（m）。

$$w_{\text{ini}} - w_{\text{bi}} = A \int_{z_{\text{bi}}}^{z_{\text{ini}}} \prod_{j=0}^{N} f_j (\xi) \mathrm{d}\xi \tag{165}$$

其中，w_{ink}，w_{bi} 分别为多角形内部与边界上的点（m）；z_{ink}，z_{bi} 分别为带状区域内部与边界上的点，是 w_{ink}，w_{bi} 对应的映射点（m）。

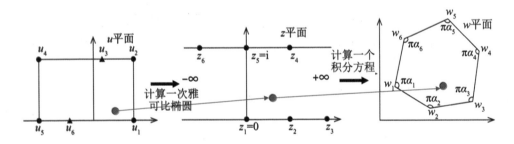

图 87　从矩形区域内点到多角形区域内点求解基本方案设计

2. 求解的结果及分析

本小节主要解决将矩形区域的地质模型还原到实际地质体上，其计算方法较为简单，主要进行两个部分计算，首先将区域网格节点通过直接的雅可比椭圆函数的计算，还原到带状区域网格，然后将带状区域网格通过积分方程的计算，还原到实际的油藏边界区域。本节主要内容的详细情况参见 5.11 矩形区域属性的还原部分。

4.5　矩形区域中模型的缩放比例问题研究

在 4.4.1 节中，在边界的映射过程中计算过伸缩因子，从本质上讲，这个伸缩因子只是带状区域与油藏边界区域的非线性伸缩的反演，这主要是因为建立的映射函数（从油藏边界到带状区域边界）关系为非线性的。因此，不能将这个伸缩因子直接乘到带状区域的数据中进行建模。在从带状区域边界到矩形区域边界映射计算的过程中，也存在 x、y 方向不同比例的伸缩问题，也存在角度的旋转问题。

4.5.1　从油藏边界到带状区域模型缩放比例确定

根据油藏边界到带状区域边界的对应关系，如图 78 所示，油藏边界从点 37 号沿着下边界到点 16 号，这段距离与带状区域的下边界对应，从点 17 号到点 36 号这段距离与带状区域的上边界对应。点 36 到点 37、点 16 到点 17 与带状区域的宽度对应。分析映射后的带状区域，在带状区域中，点 37 到点 16 与点 36 到点 17 的距离相等，点 36 到点 37 与点 17 到点 16 的距离相等，其中点 37 位于坐标原点。因此，取油藏边界点 37 到点 16 与点 36 到点 17 的距离平均值作为带状区域 x 方向的伸缩系数，取油藏边界点 36 到点 37 与点 17 到点 16 距离的平均值作为 y 方向的伸缩系数。由于点 37 位于坐标原点，不存在平移，所以只需对带状区域的 x、y 坐标分布乘对应的伸缩系数即可，通过油藏边界的数据，计算得到 x 方向的伸缩系数为 2 462.986，y 方向的伸缩系数为 22 230.606。

4.5.2　从带状区域到矩形区域模型缩放比例确定

从带状区域到矩形区域映射，边界的对应关系如图 78 所示，带状区域上下边界与矩形区域的高对应，带状区域的左右边界与矩形的宽对应。根据映射模型，通过计算完全第一类椭圆函数可得矩形的高和宽，这里需要注意的是矩形的高等于 K_p，矩形的宽度为 $2K$。因此，对于带状区域边界点位，将 x 方向的数据除以 $2K$，将 y 方向的数据除以 K_p。伸缩系数的数据如表 23 所示。

表 23　伸缩系数数据表

矫正方向	从油藏边界到带状区域边界	从带状区域边界到矩形边界
X 方向	2 462.986	$2K$
Y 方向	22 230.606	K_p

第 5 章　Schwarz Christoffel 变换建模实现流程

5.1　地质建模方法对比

建立储层地质模型的关键技术是根据已知的控制点数据内插、外推已知点间及以外的储层参数估计值，即需要寻找和选择最能符合储层地质变量实际空间变化规律的数值计算模型，实现对储层特性的空间变化的正确定量描述。目前主要有确定性建模方法和随机建模方法两大类。通常所用的线性插值、距离平方反比加权平均、克里金方法和地震储层预测都属于确定性建模方法，这类方法的特点是预测结果不能反映井点数据包含的储层概率分布特征，其预测精度取决于已知数据点的多少。克里金方法可以体现不同成因类型砂体的变差函数特征，但是砂体各种参数的变化是非常复杂的，并不是一个变差函数图所能概括的，因此确定性建模不能满足人们对地下地质情况的认识，从而发展了一项在地质统计学的基础上发展起来的随机模拟技术。随机建模就是利用一个地质体某一属性已知的结构统计特征，通过一些随机算法来模拟未知区这一属性的分布，使其与已知的统计特征相同，从而达到模拟储层非均质性，直到预测井间参数分布的目的。因此，随机建模得到的不是一个确定的结果，而是多个可能的结果，一般称为等概率（地质）实现。

5.1.1　确定性建模方法

确定性建模方法认为所得出的内插、外推估计值是唯一解，具有确定性。传统的加权平均法、差分法、样条函数法、趋势面法以及目前仍较流行的克里金法等方法都属于这一类建模方法。目前常用的确定性建模方法主要有以下几种。

1．地震学方法

储层地震学方法主要是应用地震资料研究储层的几何形态、岩性及参数的分布，即从已知井点出发，应用地震横向预测技术进行井间参数预测，并建立储层的三维地质模型。

2．储层沉积学方法

储层沉积学方法主要是在高分辨率等时地层对比及沉积模式的基础上，通过井间砂体对比建立储层结构模型。

3．克里金方法

克里金法是以"区域化变量理论"为理论基础，以变差函数为工具的一种井间插值方法。该方法与传统的其他插值方法相比，具有以下特点：①克里金法不仅考虑已知点与待估点的影响，也考虑已知点之间的相互影响，即强调数据构形的作用，不同位置相互影响的大小是用协方差（或变异函数）定量描述的；②克里金法是严格内插方法；③克里金法是一种无偏（估计值的均值与观测值的均值相同）、最优（估计方差最小）的估值方法。

5.1.2　随机建模方法

随机模拟方法很多，总体可分为两大类：基于目标的随机模拟和基于象元的随机模拟。前者主要为标点过程（布尔模型）。基于象元的随机模拟包括高斯模拟、截断高斯模拟、指示模拟、分形随机模拟、马尔柯夫随机域以及二点直方图。在诸多方法中，用于沉积相随机模拟的方法主要有标点过程、截断高斯域和序贯指示模拟等。

1．布尔模拟方法

布尔模拟方法是随机模拟方法中最简单的一种方法，属于非条件模拟。目前，该方法主要用于建立离散型模型，如砂体格架平面、剖面或者三维空间分布模型。因此，这种模拟可以用于模拟砂体在空间的形态、大小、位置和排列方式。布尔模拟能够吻合某种离散参数的地质形态，如河道、沉积砂体等。该方法的主要优点：①很容易用于二维和三维建模；②所用的参数较少；③非常灵活。它的主要缺点是统计推导复杂且困难，模拟结果很难忠实于局部的数据，如钻井所遇到的岩相序列，这些缺点限制了这一方法更广泛的应用。

2．序贯高斯模拟方法

用于模拟连续的地质现象，如孔隙度、渗透率的分布。序贯高斯模拟的主要优点：①数据的条件化是模拟的一个整体部分，无须作为一个单独的步骤进行处理；②自动地处理各向异性问题；③适合任意类型的协方差函数；④运行过程中仅需要一个有效的克里金算法。其主要缺点是变量分布要求服从高斯分布。

3.序贯指示模拟方法

既可用于模拟连续的变量，也可用于模拟离散变量。序贯指示模拟的主要优点：①变量的分布形态无须做任何假设；②该方法可以容易地综合多种来源、定性或定量、可靠性不同的信息。其主要缺点是算法和参数灵活性太大，人为因素很明显。

4.截断高斯模拟

截断高斯随机域属于离散随机模型，其基本模拟思路是通过一系列门槛值截断规则网格中的三维连续变量，建立离散物体的三维分布。在截断高斯模拟中，有两个关键步骤，一是建立三维连续变量的分布，二是通过门槛值及门槛规则对连续变量分布进行截断，以获得离散物体的模拟实现。连续三维变量分布是通过高斯域模型建立的，其中连续变量（如粒度中值）首先转换成高斯分布（正态分布），然后通过变差函数模型，应用任一连续高斯域模拟方法建立三维连续变量的分布。根据上述各方法的优缺点，结合国内其他人的研究成果，表24对目前常见的几种建模方法进行了对比评价，归纳总结出了各方法的适用条件以及优缺点。

表 24　各种随机建模方法的比较

随机建模方法		变量类型	适用条件	优点	缺点
布尔类型		离散型	可以重复而易描述的形状	原理简单，计算量小	很难忠实于具体位置的信息，不能反映砂体内部非均质性
高斯类型	序贯高斯模拟	连续	变量必须是正态或多元正态分布	计算速度快，数学上具有一致性	很难考虑间接信息，要求变量服从正态分布
	截断高斯模拟	离散			
指示类型		连续和离散	没有具体要求	能综合各种信息的最灵活的随机建模方法	计算量大，需要推断很多协方差函数，不能忠实试井资料

续　表

随机建模方法		变量类型	适用条件	优点	缺点
模拟退火		连续和离散	要构造目标函数	能综合各种信息	计算量大，不易收敛
分形类型		连续	变量具分形特征	快速和经验性强	难考虑间接信息
其他	转向带法	连续	模拟结点数目小	易于执行，能够处理任意类型的协方差函数和各向异性	处理结点数受计算机内存的限制
	LU 分解法	连续	非条件模拟	进行三维非条件模拟十分快捷有效	用它进行条件模拟速度慢、步骤烦琐

5.2　模拟算法选择

如前所述，随机模拟方法的种类较多，从不同的角度可归纳为以下 5 种分类：

（1）按数据分布特征分：高斯模拟和非高斯模拟。

（2）按变量类型分：离散变量的模拟和连续变量的模拟。

（3）按模拟的数据条件：分为条件模拟和非条件模拟。

（4）按模拟的实现过程：基于目标的模拟和基于象元的模拟。

（5）按使用变量的个数：单变量模拟和多变量协同或联合模拟。

不同的随机模拟方法适用于不同的地质条件，根据 X 砂岩油藏的地质特征，本次建模过程中对多种方法进行试用，通过对比不同方法的模拟结果，最终采用了砂岩厚度分布作为控制参变量的序贯高斯随机模拟方法的结果。

5.3　随机建模流程

随机建模综合了现有的各类数据，因此对数据进行三维质量控制是非常重要的一步，随机建模一般遵循点—面—体的步骤，即首先建立各井点的一维垂向模型，其次建立储层的框架模型，最后建立储层各种属性的三维分布模型。

本区储层三维建模包括以下主要环节：数据准备、构造建模、地层模型、数据分析及属性建模等。针对研究区具体情况，通过综合地质、测井、钻井等资料，在完成构造建模的基础上，结合数据分析，建立储层属性模型。

5.4　基础数据准备

数据的丰富程度、准确性在很大程度上决定了所建模型的精度。X 砂岩油藏自 2000 年投入试采以来，到目前共完成钻井 78 口，其中直井 50 口，水平井 28 口，投入采油井 70 口。根据储层地质建模所需，此次研究进行的主要数据整理工作如下：

（1）收集整理以 X 砂岩油藏储层为目的层的 38 口钻井的井位坐标、补心海拔高度等，做成 Petrel 建模软件能接受的井头文件格式。

（2）X 砂岩油藏储层 38 口完钻井小层分层数据的生成、录入及检查。

（3）整理并导入单井测井解释孔隙度、渗透率、含油饱和度等数据。

（4）基于建立的网格模型，提取测井解释参数，通过数据分析、试模拟等反复核查分析单井解释结果的可靠性。对不符合地质认识规律的井进行重新解释或调整。

5.5　构造建模

构造模型反映储层的空间格架，是地层模型、沉积相模型以及属性模型的基础。因此，在建立储层属性的空间分布之前，应首先进行构造建模。一般情况下，构造模型由断层模型和层面模型组成，由于研究区内构造相对简单，没有明显断层，构造建模仅为层面模型。

本次储层建模研究中主要利用 X 砂岩油藏 38 口井的测井、钻井资料（本次研究未涉及地震资料），在小层和沉积时间单元精细划分对比的基础上，利用井点分层数据，通过插值方法逐层做出顶面和底面构造图，并利用各小层厚度分布图，得到各个层面的构造图，利用从上到下 6 个层面建立 X 砂岩油藏精细空间格架模型，模型真实地反映了 X 砂岩油藏构造及储层三维空间展布特征。

5.6　三维网格设计

在完成构造建模的基础上，就可以通过层面的控制，在构造框架下设计建立储层分布模型和储层参数模型的三维网格。合理的网格设计非常重要，一方面，为了节省计算机资源和时间，网格数应尽可能少；另一方面，为了控制地质体的形态，保证建模精度，网格数应尽可能多。因此，要根据工区的实际地质情况设计出合适的模拟网格。

通过映射计算后，工区面积约 53.3 km²，设计平面网格间距为 100 m × 100 m，东西向 24 个网格，南北向 220 个网格，纵向上共划分为 5 个网格层。三维总网格数为 24 × 220 × 5=26 400。

5.7　层面建模

层面模型反映的是地层界面的三维分布，叠合的层面模型即为地层格架模型。建模的基础资料主要为分层数据，即各井的层组划分对比数据及地震资料解释的层面数据等。一般通过插值法（亦可应用随机模拟方法），应用分层数据，生成各个等时层面的顶、底层面模型（层面构造模型），然后将各个层面模型进行空间叠合，建立储层的空间格架。根据 X 砂岩油藏的分层数据，结合 Petrel 软件，建立 X 砂岩油藏 6 个面的层面模型。

5.8　测井曲线离散化

离散化进程就是井曲线值匹配到井轨迹穿过的网格的过程。每个网格单元仅能得到一个值，即离散化。其目的就是要在属性建模时能把井的信息作为输入，即控制井间的属性分布。有一点要明确，离散化之后得到的网格单元将作为属性的一部分，而不是独立出的一项。沿井轨迹的网格单元内分布的值与整个 3D 离散化之后得到的属性分布是一致的。

从取芯井岩心分析数据得到 X 砂岩油藏孔隙度频率分布（见图 88），受取芯井位置、取芯段纵向位置、长短及分析样品取样密度等的限制，该频率分布不可能准确地反映整个油藏的频率分布，只能大致反映孔隙度分布范围、孔隙度频率的相对大小。而测井数据基本保证等间距采样、分辨率高、数据量大，且平面上基本覆盖整个油藏区域，纵向上又包含各井点位置处完整的 X 砂岩油藏。

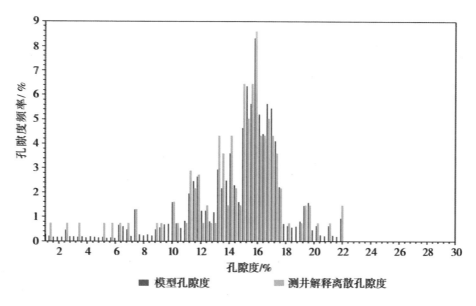

图 88　X 砂岩油藏模拟与离散孔隙度频率分布图

图 89 是 X 砂岩油藏模拟、离散与测井解释含水饱和度频率分布图。

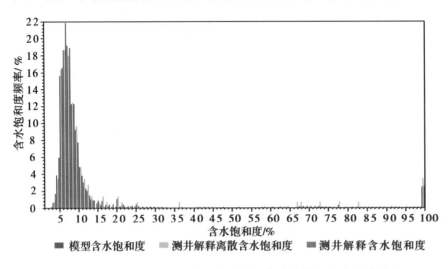

图 89　X 砂岩油藏模拟、离散与测井解释含水饱和度频率分布图

5.9　数据分析

　　X 砂岩为河流相沉积的砂岩储层，相带分布基本与河流流向平行，如果按照实际河流流向分析，河流流向不是沿着一个方向，这造成依赖主次方向选择的变差函数分析丧失了应有的功能和意义，因为不管取哪个方向，变差函数拟合都不能代表全区。通过映射变换，将曲流河多变的河道方向映射为矩形高度方向，这样方向就能确定了。

　　纵向上，变差函数拟合应该有一个空间尺度的概念。如果利用测井数据高分辨率特点，通过改变搜索半径，应该可以识别出不同级别韵律的变程。当搜索半径较大时，拟合的变程应该反映较高级别的韵律层厚度；当搜索半径和数据点对的距离缩小时，拟合的变程应该反映较低级别的韵律层厚度大小。然而，实际的模拟网格是按层建立的。单砂层细分为三层，每个网格层的厚度是不同的，在模拟时，每个单砂体是单独模拟计算的，上下单砂层或夹层是独立不相关的，因此利用提取的网格内数据进行纵向变差函数拟合对后期参数场的模拟几乎没有实际意义。

因此，在实际变换后的模拟中，大致选取了水平方向和垂直方向两个方向。由于针对某单砂层或夹层模拟计算，纵向上的变程适当放大到了单层厚度的最大值，以保证单砂层内上下三个网格层的属性有一定的相关度。

5.10　矩形区域属性数值模拟

5.10.1　孔隙度分布模拟

在构造、地层模型的控制下，通过不同模拟方法的比较，最终选用了用砂层厚度控制的序贯高斯模拟方法，模拟了 X 砂岩油藏孔隙度参数场的分布模型（见图 90）。从岩芯分析孔隙度、测井解释孔隙度、井点网格离散孔隙度以及三维模拟孔隙度的频率分布对比图（见图 88）可以看出，四者符合同样的分布规律，说明孔隙度模拟结果是合理可靠的。

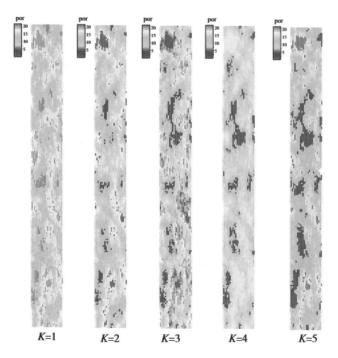

图 90　矩形区域中 X 砂岩油藏孔隙度分布模拟结果图

5.10.2　渗透率分布模拟

利用测井解释的渗透率，采用几何平均的方法离散得到井点网格渗透率值，选用序贯高斯模拟方法，考虑到 X 砂岩油藏孔隙度与渗透率之间较好的相关性，将孔隙度分布趋势作为参变量，模拟渗透率参数场的分布（见图 91）。从测井解释渗透率、井点网格离散渗透率以及三维模拟渗透率的频率分布对比图（见图 92）可以看出，四者符合同样的分布规律，说明渗透率分布模拟结果是合理的。

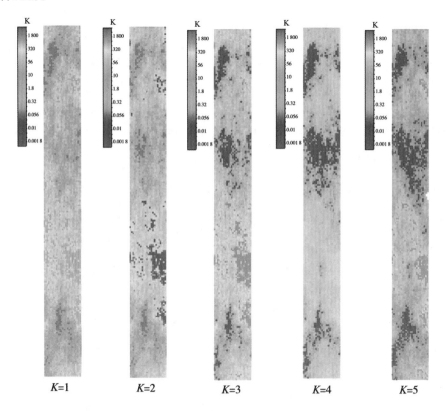

图 91　矩形区域中 X 砂岩油藏渗透率分布模拟结果图

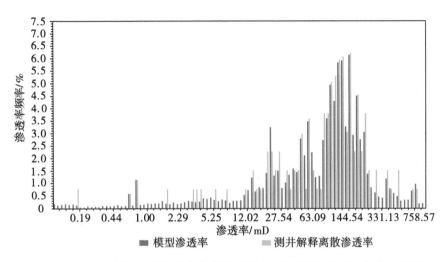

图92　矩形区域中 X 砂岩油藏离散渗透率与模拟渗透率频率分布对比图

5.10.3　含水饱和度分布模拟

利用测井解释的含水饱和度，采用几何平均的方法离散得到井点网格含水饱和度值，选用序贯高斯模拟方法，考虑到 X 砂岩油藏的 5 个小层的含水饱和度进行模拟（见图93），从上到下，含水饱和度逐渐增加，但上面的小层含水饱和度很低。

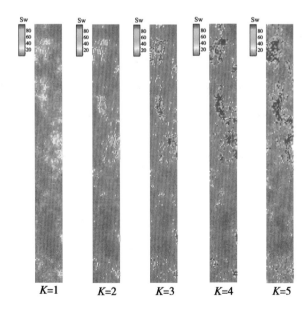

图 93　矩形区域中 X 砂岩油藏含水饱和度分布模拟结果图

5.11　矩形区域属性的还原

5.11.1　角点网格数据的形式

角点网格在 X，Y，Z 方向上划分的数量分别为 N_I，N_J，N_K，那么 XY 平面上的网格数量为 $N_I \times N_J = N$，三维网格数量为 $N_I \times N_J \times N_Z$。ECLIPSE 定义角点网格的有两个关键字，即 COORD 和 ZCORN。先用 COORD 定义线，一共有（N_I+1）×（N_J+1）条线，其中 N 表示 XY 平面网格数目，一条线由两个点来定，一个点有 X，Y，Z 三个数据，所以紧跟在 COORD 后面的数据一共有（N_I+1）×（N_J+1）×2×3 个。注意定义线的顺序是一条线一条线地定义，方向是从左到右再从左到右。例如，3×3×3 的网格系统，COORD 就定义 16 条线，在 ECLIPSE 中就有 16 行数据，然后用 ZCORN 定义每个网格的点，一个网络 8 个点，所以紧跟在 ZCORN 后面的数据应该有 $N \times 8$ 个，这 8 个点全是 Z 值。定义网格角点的顺序都是从左到右再从左到右，从顶到底。

ECLIPSE 角点网格示例：

-- Format 　　　: Generic ECLIPSE style（ASCII）grid geometry and properties（*.GRDECL）

-- Exported by : Petrel 2009.1.1 Schlumberger

-- User name 　: jaz

-- Date 　　　 : Saturday，May 19 2018 21:23:45

-- Project 　　: X 井区矩形区域地质模型 .pet

-- Grid 　　　 : 3D grid

NOECHO

PINCH

/

MAPUNITS

'METRES' /

GRIDUNIT
'METRES' /
SPECGRID
24 220 5 1 F /

COORDSYS
1 5 /
NOECHO

COORD
−1200.000000 −22000.000000 4106.529785 −1200.000000 −22000.000000
4128.519043
　−1100.000000 −22000.000000 4106.220703 −1100.000000 −22000.000000
4128.101563
　−1000.000000 −22000.000000 4105.899414 −1000.000000 −22000.000000
4127.669922
　−900.000000 −22000.000000 4105.561035 −900.000000 −22000.000000
4127.217773
　……
　/

ZCORN
　4106.529785 4106.220703 4106.220703 4105.899414 4105.899414
4105.561035
　4105.561035 4105.268555 4105.268555 4105.075195 4105.075195
4104.942871
　4104.942871 4104.859863 4104.859863 4104.828125 4104.828125
4104.796387

4104.796387 4104.756836 4104.756836 4104.720703 4104.720703
4104.706543

4104.706543 4104.728027 4104.728027 4104.766113 4104.766113
4104.791504

4104.791504 4104.841309 4104.841309 4104.954102 4104.954102
4105.124512

4105.124512 4105.326660 4105.326660 4105.544434 4105.544434
4105.765625

4105.765625 4105.980469 4105.980469 4106.179688 4106.179688
4106.378906

......

/

通过上面的示例可以看出，在角点网格数据中，关键字 COORD 定义了网格的点，共有 6 列数据，其中第 1 列、第 2 列、第 4 列和第 5 列定义平面上的点，其他两列定义了纵向 z 值。因此，在属性数据还原的过程中，只需对第 1 列、第 2 列、第 4 列和第 5 列的平面位置进行从油藏边界到矩形边界的 Schwarz Christoffel 逆变换运算，就可以得到还原后的属性模型。

5.11.2 属性数据还原的结果

具体的理论计算方法参见 4.4.4 中已知矩形内部点，求多角形区域的保形映射点的部分。这里需要注意的问题有如下几点：第一个问题是边界的映射对应情况，通过前面的研究，油藏边界可以映射到矩形边界，但在矩形区域中进行建模时，可以将上下左右 4 个边界向中心移动一个网格步长的距离，这样做的目的是保证在矩形中形成的网格完全位于映射边界内部，以免在后续还原过程中有网格节点处于映射边界的外部，若其位于边界的外部，在映射还原时将影响这个网格的布局。第二个问题是在采用 Petrel 软件建立矩形边界地质模型时，在 Pillar gridding 时，网格边界向外延伸的节点为 0，以免网格超出映射边界，网格与边界及参数的设置如图 94 所示。

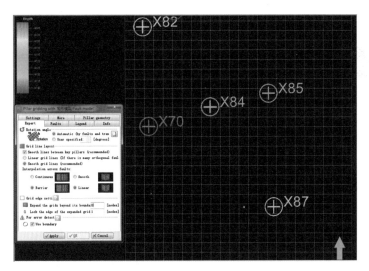

图 94　矩形区域网格生成时参数的设置方法

第三个问题是将 Petrel 软件网格数据导数为 ECLIPSE 格式的十进制数据时，应包含角点网格数据和属性数据（孔隙度、渗透率和含水饱和度等）。同时，要注意导出数据网格的顺序及坐标顺序问题。Petrel 软件默认的是从左上角开始编号导出的，系统默认的坐标原点在左上角，因此导出的 x 方向的数据没有问题，而导出的 y 方向的数据均为负值，而实际矩形边界的 y 值均为正值，实际将北方向（向上）作为 y 轴的正方向，而 Petrel 软件中的 y 轴的正方向为南方向（向下），因此 y 值出现负值情况。基于以上分析，必须取消 y 值前面的符号才能进行映射计算。

第四个问题是模型数据缩放比例的还原，将 x,y 数据乘矩形区域 x,y 方向的缩放系数，然后将 x,y 数据除以带状区域的 x,y 方向的缩放系数。

第五个问题是特殊点的处理，若矩形区域的映射数据包含坐标原点，则将其重置为一个很小的数，如 0.000 001，以免在积分时出现奇异值问题。若网格数据位于映射边界上或超出映射边界的范围，将其移动到映射边界以内，若移动到边界以内与内部网格重合，则删除该网格数据。若能严格处理问题一与问题二，则上述情况就可以避免。

将区域的地质模型通过 Schwarz Christoffel 逆变换，将属性参数还原到原油藏的实际边界区域中，图 95、图 96、图 97 与图 98 反映了进行还原后的孔隙度分布情况，通过这 4 个图可以看出，进行映射变换处理，孔隙度的变换基本沿着河流的流向分析，符合基本的地质规律。图 99、图 100、图 101 与图 102 反映了进行还原后的渗透率分布情况，通过这 4 个图可以看出，进行映射变换处理，渗透率的变换基本沿着河流的流向分析，符合基本的地质规律。图 103、图 104、图 105 与图 106 反映了含水饱和度分布情况，与上述情况基本一致。

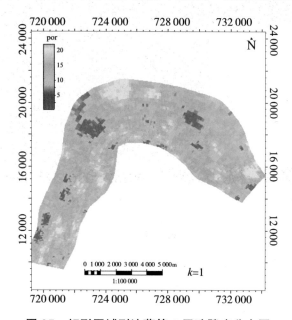

图 95　矩形区域到油藏第 1 层孔隙度分布图

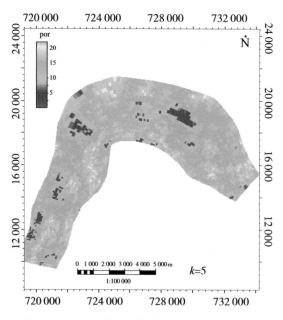

图 96　矩形区域到油藏第 5 层孔隙度分布图

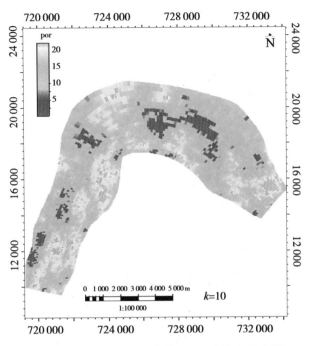

图 97　矩形区域到油藏第 10 层孔隙度分布图

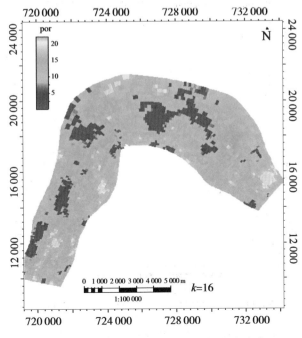

图 98　矩形区域到油藏第 16 层孔隙度分布图

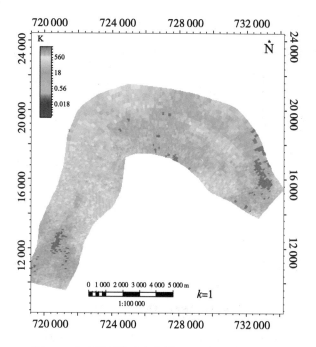

图 99　矩形区域到油藏第 1 层渗透率分布图

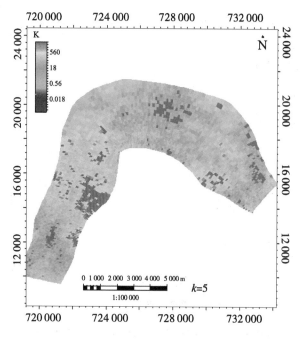

图 100　矩形区域到油藏第 5 层渗透率分布图

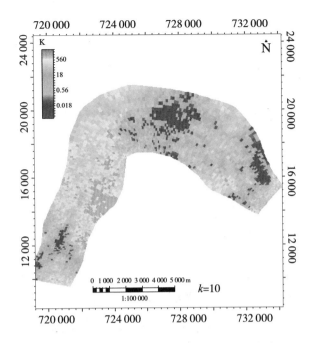

图 101　矩形区域到油藏第 10 层渗透率分布图

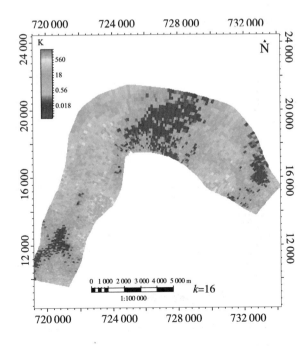

图 102　矩形区域到油藏第 16 层渗透率分布图

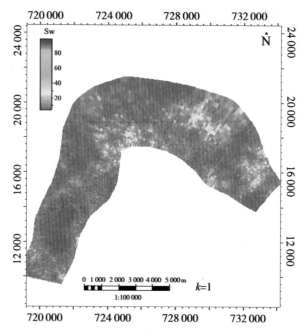

图 103　矩形区域到油藏第 1 层饱和度分布图

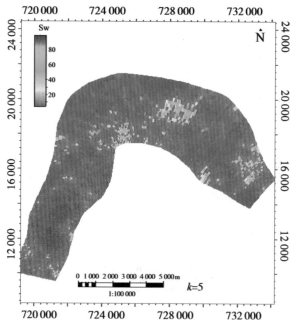

图 104　矩形区域到油藏第 5 层饱和度分布图

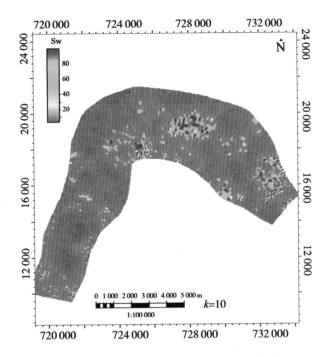

图 105　矩形区域到油藏第 10 层饱和度分布图

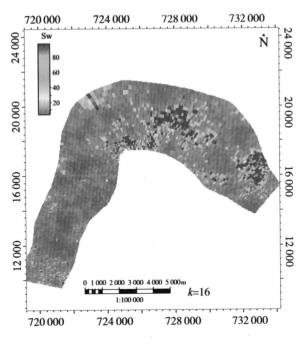

图 106　矩形区域到油藏第 16 层饱和度分布图

第 6 章　常规建模方法与 SC 变换建模结果对比分析

储层地质建模技术是油田开发生产和研究工作的基础，是油藏描述的最终成果。在油气田的勘探评价和开发阶段，储层研究以建立定量的三维储层地质模型为目标，精确描述地下地质结构，确切地表征储层结构和储层参数的空间分布和变化特征，这是油气勘探、开发深入发展的要求，也是储层研究向更高阶段发展的体现。现代油藏管理的两大支柱是油藏描述和油藏模拟，油藏描述的最终结果是油藏地质模型，而油藏地质模型的核心问题是如何通过井间储层预测建立精细的三维储层地质模型，即储层属性的三维分布模型。

目前，国内外储层建模的方法有确定性建模和随机建模两种，前者是对井间未知区域给出确定性预测结果，后者是对未知区应用随机模拟方法，给出可能的、等概率的预测结果。在油田勘探与开发实践中，风险无处不在、无时不在。在进行储层风险评价时，只建立确定性的地质模型是远远不够的，只有三维随机建模技术才能反映储层的勘探与开发风险。

6.1　构造模型

本次储层建模研究中主要利用 X 砂岩油藏 38 口井的测井、钻井资料，在小层和沉积时间单元精细划分对比的基础上，利用井点分层数据，通过插值方法逐层做出顶面和底面构造图，并利用各小层厚度分布图，得到各个层面的构造图，利用从上到下 6 个层面建立了 X 砂岩油藏精细空间格架模型，模型真实地反映了 X 砂岩油藏构造及储层三维空间展布特征，构造顶面如图 11 所示，五个层面如图 107 ～图 111 所示。

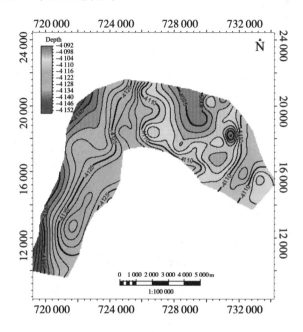

图 107 X 砂岩油藏第 2 层面构造图

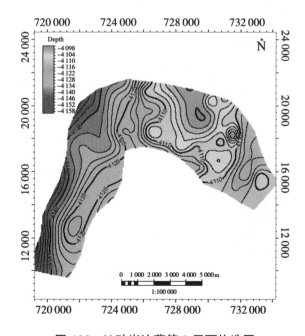

图 108 X 砂岩油藏第 3 层面构造图

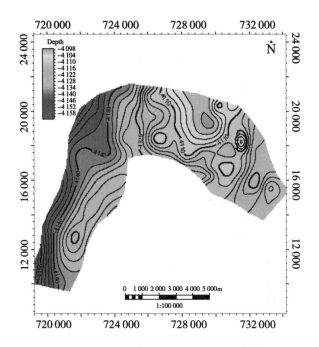

图 109　X 砂岩油藏第 4 层面构造图

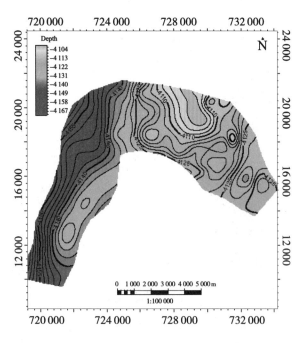

图 110　X 砂岩油藏第 5 层面构造图

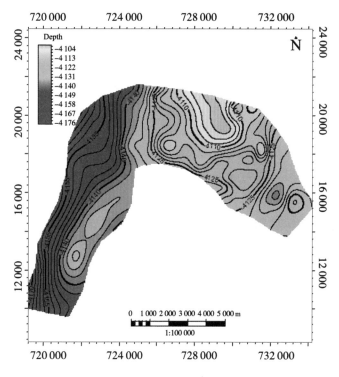

图 111 X 砂岩油藏地界构造图

6.2 三维网格设计

在完成构造建模的基础上，就可以通过层面的控制，在构造框架下设计建立储层分布模型和储层参数模型的三维网格。合理的网格设计非常重要，一方面，为了节省计算机资源和时间，网格数应尽可能少；另一方面，为了控制地质体的形态，保证建模精度，网格数应尽可能多。因此，要根据工区的实际地质情况设计出合适的模拟网格。

通过映射计算后，工区面积约 79.6 km²，设计平面网格间距为 25 m × 25 m，东西向 625 个网格，南北向 484 个网格，纵向上共划分为 16 个网格层。三维总网格数为 625 × 484 × 16=4 840 000。

6.3　地层模型

层面模型反映的是地层界面的三维分布，叠合的层面模型即为地层格架模型。建模的基础资料主要为分层数据，即各井的层组划分对比数据及地震资料解释的层面数据等。已知顶面构造面作为趋势面，一般利用插值法，应用分层数据生成各个等时层面模型（层面构造模型），然后将各个层面模型进行空间叠合，建立储层的空间格架，建立 X 砂岩油藏的 6 个层面的模型。

6.4　测井曲线离散化

从取芯井岩心分析数据得到 X 砂岩油藏孔隙度、渗透率频率分布，受取芯井位置、取芯段纵向位置、长短及分析样品取样密度等的限制，该频率分布不可能准确反映整个油藏的频率分布，只能大致反映孔隙度分布范围、孔隙度频率的相对大小，而测井数据基本保证等间距采样，分辨率高、数据量大，且平面上基本覆盖整个油藏区域，纵向上又包含各井点位置处完整的 X 砂岩油藏。通过对 X 砂岩油藏的测井解释岩心孔隙度和渗透率数据离散，得到离散后的结果，然后将其同岩心分析的孔隙度和渗透率数据进行对比，两者基本一致，孔隙度的对比结果如图 112 所示，渗透率的对比如图 113 所示。

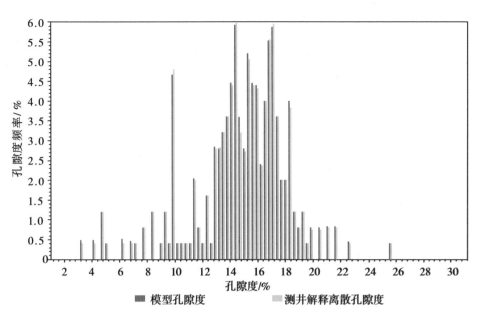

图 112　X 砂岩油藏岩心孔隙度与测井离散孔隙度对比图

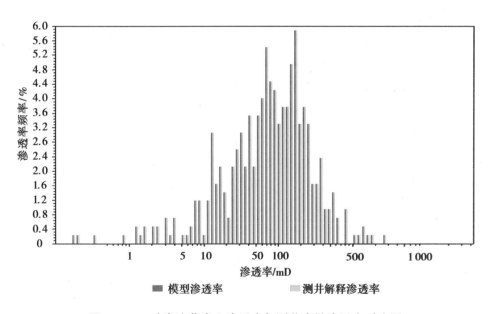

图 113　X 砂岩油藏岩心渗透率与测井离散渗透率对比图

6.5　数据分析

6.5.1　孔隙度数据分析

通过对 X 砂岩油藏的离散孔隙度数据进行变差函数拟合，得到主变程方向为 30°，次变程方向为 300°，主变程基本沿着东北方向，因为河流方向改向以前，基本沿着东北方向流动，大部分井位于这个区域。而河流改道后，方向也随之改变，主变程的长度为 4 817.3 m，次变程的长度为 3 355.6 m。在本次拟合过程中，通过球状模型、指数模型和高斯模型的对比，球状模型拟合效果较好，故选用球状模型，球状模型的块金值为 0.214。

6.5.2　渗透率数据分析

通过对 X 砂岩油藏 38 口井的测井数据离散结果的孔隙度数据进行变差函数拟合，得到主变程方向为 30°，次变程方向为 300°，主变程基本沿着东北方向，因为河流方向改向以前，基本沿着东北方向流动，大部分井位于这个区域。而河流改道后，方向也随之改变，主变程的长度为 3 968.8 m，次变程的长度为 2 610.3 m。在本次拟合过程中，通过球状模型、指数模型和高斯模型的对比，球状模型拟合效果较好，故选用球状模型，球状模型的块金值为 0.512。通过与孔隙度拟合的结果对比，可以看出渗透率与孔隙度相比，渗透率参数变化较孔隙度更为敏感。

6.6　属性模拟

6.6.1　孔隙度模型

在构造、地层模型的控制下，通过不同模拟方法的比较，最终选用了用砂层厚度控制的序贯高斯模拟方法，模拟了 X 砂岩油藏孔隙度参数场的分布模型（见图 114、图 115、图 116 与图 117）。从这 4 张图中可以看出，采用序贯高斯模拟的孔隙度的方向基本与变差函数分析的方向一致，尤其对图 114 来说，在河流改向后有一段与河流垂直，模型的孔隙度很低，而且与河流的流向垂直显然不符合河流的沉积规律，造成这种结果的主要原因是变差函数的方向性，后续在第 5 层、第 10 层和第 16 层的模拟中，孔隙度都呈现出明显的方向性，而且这个方向由变差函数的方向决定。从测井解释孔隙度、井点网格离散孔隙度以及三维模拟孔隙度的频率分布对比图（见图 118）可以看出，三者符合同样的分布规律，说明孔隙度模拟结果是合理可靠的。

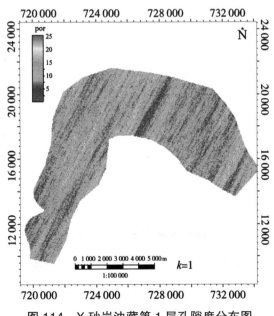

图 114　X 砂岩油藏第 1 层孔隙度分布图

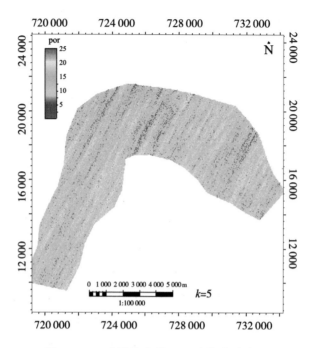

图 115　X 砂岩油藏第 5 层孔隙度分布图

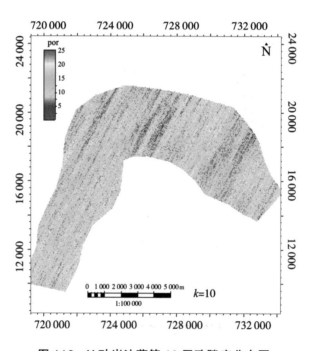

图 116　X 砂岩油藏第 10 层孔隙度分布图

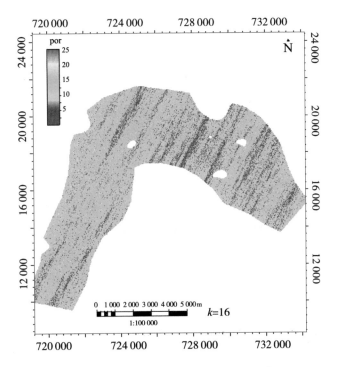

图 117 X 砂岩油藏第 16 层孔隙度分布图

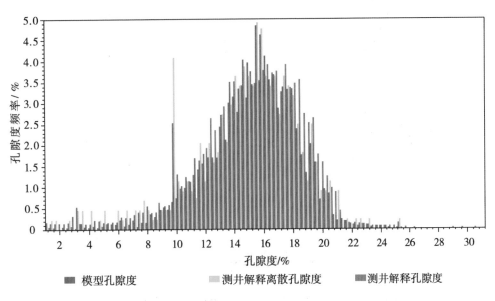

图 118 X 砂岩油藏离散孔隙度、测井解释孔隙度与模拟孔隙度对比图

6.6.2　渗透率模型

　　在构造、地层模型的控制下，通过不同模拟方法的比较，最终选用了用砂层厚度控制的序贯高斯模拟方法，模拟了 X 砂岩油藏渗透率参数场的分布模型（见图119、图120、图121与图122）。从这4张图中可以看出，采用序贯高斯模拟的渗透率的方向基本与变差函数分析的方向一致，而且在河流方向改变后，渗透率的方向与河流的流向垂直，这显然不符合河流的沉积规律，造成这种结果的主要原因是变差函数的方向性。在第1层、第5层、第10层和第16层的模拟中，渗透率都呈现出明显的方向性，而且这个方向由变差函数的方向决定。从这4张图中可以看出，渗透率在垂向上的变化为从上到下渗透率逐渐降低。从测井解释渗透率、井点网格离散渗透率以及三维模拟渗透率的频率分布对比图（见图123）可以看出，三者符合同样的分布规律，说明渗透率模拟结果是合理可靠的。

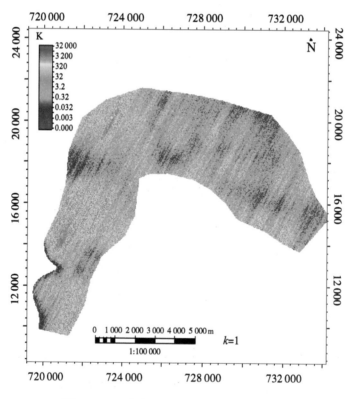

图 119　X 砂岩油藏第 1 层渗透率分布图

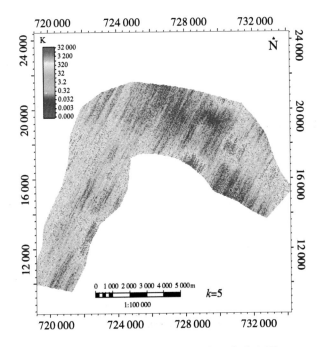

图 120　X 砂岩油藏第 5 层渗透率分布图

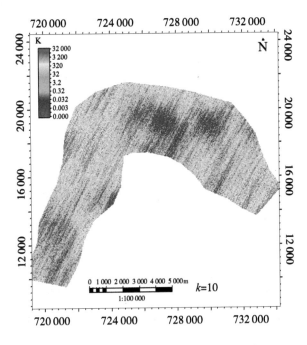

图 121　X 砂岩油藏第 10 层渗透率分布图

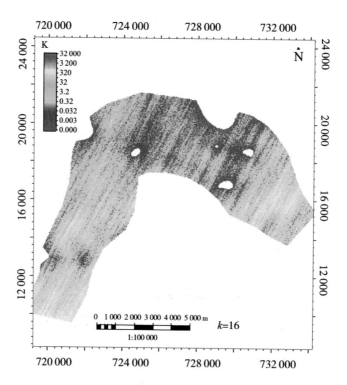

图 122   X 砂岩油藏第 16 层渗透率分布图

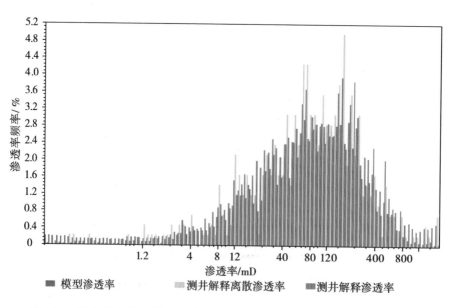

图 123   X 砂岩油藏离散渗透率、测井解释渗透率与模拟渗透率对比图

6.6.3　含水饱和度模型

在构造、地层模型的控制下，通过不同模拟方法比较，最终选用了用砂层厚度控制的序贯高斯模拟方法，模拟了 X 砂岩油藏含水饱和度参数场的分布模型（见图 124、图 125、图 126 与图 127）。从这 4 张图中可以看出，采用序贯高斯模拟的含水饱和度的方向基本与变差函数分析的方向一致，而且在河流方向改变后，含水饱和度的方向与河流的流向垂直，造成这种结果的主要原因是变差函数的方向性。在第 1 层、第 5 层、第 10 层和第 16 层的模拟中，含水饱和度都呈现出明显的方向性，而且这个方向由变差函数的方向决定。从这 4 张图中可以看出，含水饱和度在垂向上的变化为从上到下渗透率逐渐增大。从测井解释含水饱和度、井点网格离散含水饱和度以及三维模拟含水饱和度的频率分布对比图（见图 128）可以看出，三者符合同样的分布规律，说明含水饱和度模拟结果是合理可靠的。

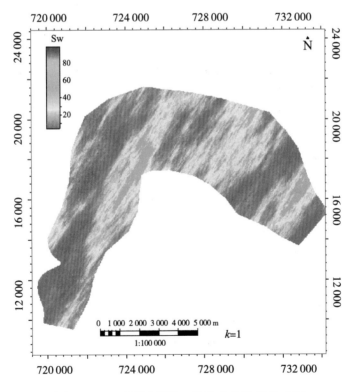

图 124　X 砂岩油藏第 1 层含水饱和度分布图

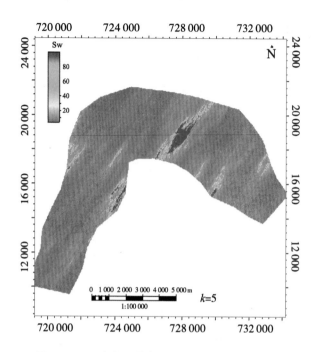

图 125　X 砂岩油藏第 5 层含水饱和度分布图

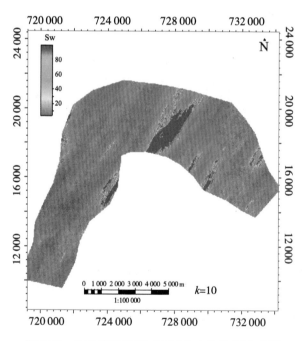

图 126　X 砂岩油藏第 10 层含水饱和度分布图

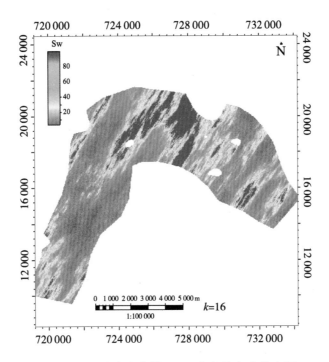

图 127　X 砂岩油藏第 16 层含水饱和度分布图

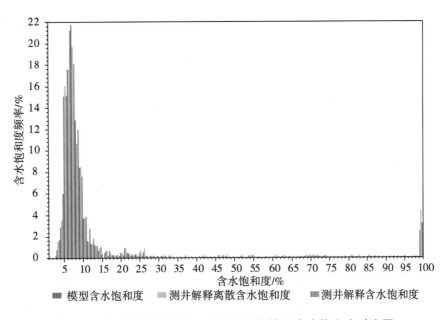

图 128　X 砂岩油藏离散、测井解释与模拟含水饱和度对比图

6.7 常规建模方法与 SC 变换建模结果对比分析

6.7.1 孔隙度模型模拟结果的对比

采用序贯高斯模拟方法，对 SC 变换前后模型模拟的孔隙度参数进行对比，如图 129 和图 130 所示，变换前油藏模拟的孔隙度平均值为 13.891 8%，孔隙度最小值为 0.1%，孔隙度最大值为 25.471 2%，孔隙度的标准差为 4.28。

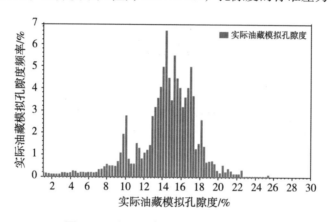

图 129　实际油藏模拟孔隙度分布图

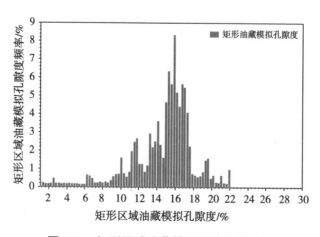

图 130　矩形区域油藏模拟孔隙度分布图

变换后油藏模拟的孔隙度平均值为 14.214 6%，孔隙度最小值为 0.1%，孔隙度最大值为 22.052 5%，孔隙度的标准差为 4.326 7。通过上述分析可知，变换前后模型孔隙度参数分别基本一致，具体内容可参见表 25 和表 26。

表 25　X 砂岩油藏变换前模拟孔隙度主要参数表

名称	最小值 /%	最大值 /%	数量	平均值 /%	标准差	方差
模拟孔隙度	0.1	25.471 2	71 685	13.891 8	4.28	18.318 7
测井离散孔隙度	0.1	25.571 2	261	14.133 8	4.518	20.412 2
测井解释孔隙度	0.1	30.455	5 568	14.860 7	4.378 5	19.171 7

表 26　X 砂岩油藏变换后模拟孔隙度主要参数表

名称	最小值 /%	最大值 /%	数量	平均值 /%	标准差	方差
模拟孔隙度	0.1	22.052 5	26 393	14.214 6	4.326 7	18.720 4
测井离散孔隙度	0.1	22.152 5	145	13.947 9	4.290 3	18.406 4
测井解释孔隙度	0.1	30.455	5 550	14.867 9	4.380 3	19.187 3

6.7.2　渗透率模型模拟结果的对比

渗透率的非均质程度可用下列参数表征。

（1）渗透率变异系数 V_k。

$$V_k = \frac{\sqrt{\dfrac{\sum\limits_{i=1}^{n}\left(K_i - \overline{K}\right)^2}{}}}{\overline{K}} \tag{166}$$

其中，V_k 为渗透率变异系数；K_i 为层内某样品的渗透率值，i=1，2，3，…，n；$\overline{K}$ 为层内所有样品渗透率的平均值；n 为层内样品个数。

一般当 $V_k < 0.5$ 时为均匀型，当 $0.5 < V_k < 0.7$ 时为较均匀，当 $V_k > 0.7$ 时为不均匀型。

（2）渗透率突进系数 T_k：表示砂层中最大渗透率与砂层平均渗透率的比值。

$$T_k = \frac{K_{max}}{\overline{K}}$$ （167）

其中，T_k 为渗透率突进系数；K_{max} 为层内最大渗透率。

一般当 $T_k < 2$ 时为均匀型，当 $2 \leqslant T_k \leqslant 3$ 时为较均匀型，当 $T_k > 3$ 时为不均匀型。

（3）渗透率级差 J_k。渗透率级差为砂层中最大渗透率与最小渗透率的比值。渗透率级差越大，反映渗透率的非均质性越强，反之，其非均质性越弱。

$$J_k = \frac{K_{max}}{K_{min}}$$ （168）

其中，J_k 为渗透率级差；K_{min} 为最小渗透率值。

储层非均质性划分标准如表 27 所示。

表 27 储层非均质性划分标准

非均质类型	变异系数	突进系数	级差
均质型	<0.5	<2	<2
较均质型	0.5 ～ 0.7	2 ～ 3	2 ～ 6
不均质型	>0.7	>3	>6

采用序贯高斯模拟方法，对 SC 变换前后模型模拟的渗透率参数进行对比，如图 131 和图 132 所示，变换前油藏模拟的渗透率平均值为 153 mD，渗透率最小值为 0 mD，渗透率最大值为 11 446 mD，渗透率的标准差为 422。变换后油藏模拟的渗透率平均值为 187 mD，渗透率最小值为 0 mD，渗透率最大值为 5 856 mD，渗透率的标准差为 563。通过上述分析可知，变换前后模型渗透率参数基本一致，具体内容可参见表 28 和表 29。

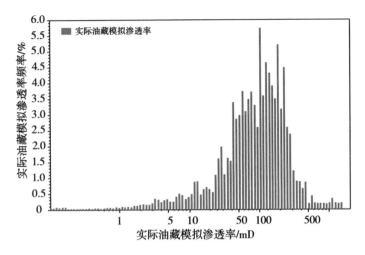

图 131　实际油藏模拟渗透率分布图

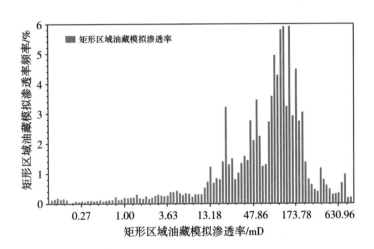

图 132　矩形区域油藏模拟渗透率分布图

表 28　X 砂岩油藏变换前模拟渗透率主要参数表

名称	最小值 /mD	最大值 /mD	数量	平均值 /mD	标准差	方差
模拟渗透率	0	11 446	71 685	153	422	178 264
测井离散渗透率	0	11 446	261	179	727	529 255
测井解释渗透率	0	43 406	5 568	156	809	654 830

表 29　X 砂岩油藏变换后模拟渗透率主要参数表

名称	最小值 /mD	最大值 /mD	数量	平均值 /mD	标准差	方差
模拟渗透率	0	5 856	26 393	187	563	317 250
测井离散渗透率	0	5 856	145	170	510	259 598
测井解释渗透率	0	43 406	5 550	156	810	656 898

6.7.3　含水饱和度模拟结果的对比

采用序贯高斯模拟方法，对 SC 变换前后模型模拟的含水饱和度参数进行对比，如图 133 和图 134 所示，变换前油藏模拟的含水饱和度平均值为 14.591 5%，含水饱和度最小值为 3.591 8%，含水饱和度最大值为 99.9%，含水饱和度的标准差为 21.345 8。变换后油藏模拟的含水饱和度平均值为 13.702 9%，含水饱和度最小值为 3.748%，含水饱和度最大值为 99.9%，含水饱和度的标准差为 19.730 3。通过上述分析可知，变换前后模型含水饱和度参数基本一致，具体内容可参见表 30 和表 31。

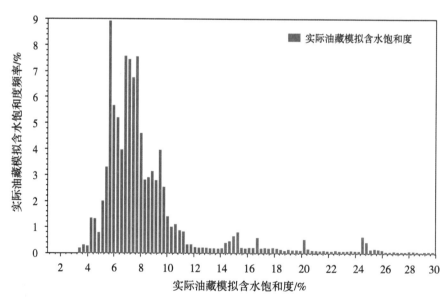

图 133　实际油藏模拟含水饱和度分布图

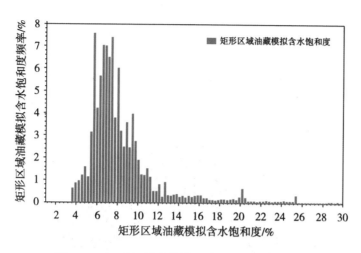

图 134　矩形区域油藏模拟含水饱和度分布图

表 30　X 砂岩油藏变换前模拟含水饱和度主要参数表

名称	最小值 /%	最大值 /%	数量	平均值 /%	标准差	方差
模拟含水饱和度	3.591 8	99.9	71 685	14.591 5	21.345 8	455.642 3
测井离散含水饱和度	3.591 8	99.9	261	13.557 5	20.143 4	405.756 3
测井解释含水饱和度	2.23	99.9	5 568	11.058	16.621 5	276.273 9

表 31　X 砂岩油藏变换后模拟含水饱和度主要参数表

名称	最小值 /%	最大值 /%	数量	平均值 /%	标准差	方差
模拟含水饱和度	3.748	99.9	26 393	13.702 9	19.730 3	389.284 7
测井离散含水饱和度	3.748	99.9	145	14.023 3	20.567 3	423.012 1
测井解释含水饱和度	2.23	99.9	5 550	11.024 8	16.602 7	275.650 3

6.7.4　还原后网格的情况

将区域的地质模型通过 Schwarz Christoffel 逆变换，将属性参数还原到原油藏的实际边界区域中，图 135 反映了还原后的孔隙度分布情况。通过图 135 可以看出，进行映射变换处理，孔隙度分布方向基本沿着河流的流向，符合基本的地质规律。将还原后的角点网格数据导入 Petrel 软件中，从图 135 中可以看出，矩形油藏的规则正交网格也被映射到实际油藏的模型中，也保持了一定的正交性。

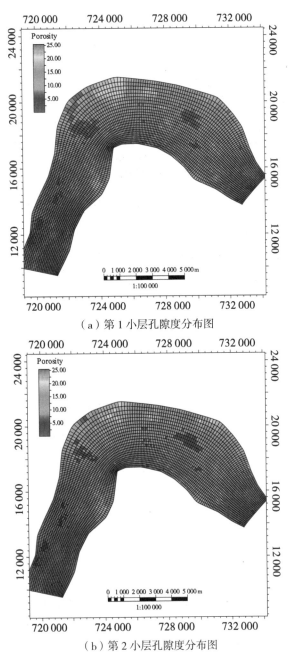

（a）第 1 小层孔隙度分布图

（b）第 2 小层孔隙度分布图

图 135　从矩阵区域还原到实际油藏边界的 X 砂岩油藏孔隙度分布图

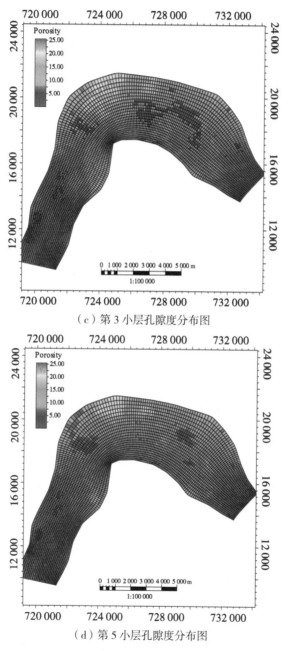

（c）第 3 小层孔隙度分布图

（d）第 5 小层孔隙度分布图

图 135　从矩阵区域还原到实际油藏边界的 X 砂岩油藏孔隙度分布图（续）

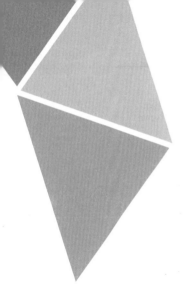

参 考 文 献

[1] 王刚，许汉珍，顾王明，等．数值许瓦尔兹克力斯托夫变换与数值高斯雅可比型积分 [J]．海军工程学院学报，1994，1（2）：25-34.

[2] 王刚，陆小刚，顾王明．槽形内域中的数值许瓦尔兹克力斯托夫保角变换 [J]．海军工程学院学报，1995，1（4）：16-23.

[3] 田雨波，钱鉴．施瓦茨—克里斯托弗反变换的快速收敛算法及其应用 [J]．电波科学学报，2003（1）：1-6.

[4] 杨荣奎，吕涛．多角形域上第一类边界积分方程的高精度配置法 [J]．工程数学学报，2004，21（8）：83-87.

[5] 祝江鸿．隧洞围岩应力复变函数分析法中的解析函数求解 [J]．应用数学和力学，2013，34（4）：345-354.

[6] 祝江鸿，杨建辉，施高萍，等．单位圆外域到任意开挖断面隧洞外域共形映射的计算方法 [J]．岩土力学，2014，35（1）：175-183.

[7] 皇甫鹏鹏，伍法权，郭松峰．基于边界点搜索的洞室外域映射函数求解法 [J]．岩石力学，2011，32（5）：1418-1424.

[8] 朱大勇，钱七虎，周早生．复杂形状洞室映射函数的新解法 [J]．岩石力学与工程学报，1999，18（3）：279-282.

[9] 王润富．一种保角映射法及其微机实现 [J]．河海大学学报，1991，19（1）：86-90.

[10] 徐趁肖，朱衡君，齐红元．复杂边界单连通域共形映射解析建模研究 [J]．工程数学学报，2002，19（4）：135-138.

[11] 王志良，申林方，姚激．浅埋隧道围岩应力场的计算复变函数求解法 [J]．岩土力学，2010，31（1）：86-90.

[12] 王振武，牛铮铮，冯秀苓. 地下矩形洞室应力分布的复变函数解 [J]. 北华航天工业学院学报，2010，20（4）：86–90.

[13] 李明，茅献彪. 基于复变函数的矩形巷道围岩应力与变形黏弹性分析 [J]. 力学季刊，2011，32（2）：195–202.

[14] 袁林，高召宁，孟祥瑞. 基于复变函数法的矩形巷道应力集中系数黏弹性分析 [J]. 煤矿安全，2013，44（2）：196–200.

[15] 施高萍，祝江鸿，李保海，等. 矩形巷道孔边应力的弹性分析 [J]. 岩土力学，2014，35（9）：2587–2601.

[16] 陈凯，唐治，崔乃鑫，等. 矩形巷道围岩应力解析解 [J]. 安全与环境学报，2015，15（3）：124–128.

[17] 何峰，唐治，朱小景，等. 矩形巷道围岩应力分布特征 [J]. 数学的实践与认识，2015，45（20）：128–134.

[18] 赵凯，刘长武，张国良. 用弹性力学的复变函数法求解矩形硐室周边应力 [J]. 采矿与安全工程学报，2007，24（3）：361–365.

[19] 崔建斌，姬安召，鲁洪江，等. Schwarz Christoffel 变换数值解法 [J]. 山东大学学报（理学版），2016，51（4）:104–111.

[20] 崔建斌，姬安召，王玉风，等. 单位圆到任意多边形区域的 Schwarz Christoffel 变换数值解法 [J]. 浙江大学学报（理学版），2017,44（2）:161–167.

[21] COSTAMAGNA E, FANNI A. Analysis of rectangular coaxial structures by numerical inversion of the Schwarz–Christoffel transformation [J]. Transactions on magnetics，1992,28(2)：1454–1457.

[22] DRISCOLL T. A matlab toolbox for Schwarz–Christoffel mapping [J]. ACM transactions on mathematical software，1996，22（2）：168–186.

[23] COSTAMAGNA EUGENIO. A new approach to standard Schwarz–Christoffel formula calculations[J]. Microwave and optical technology letters，2002，32（3）：196–199.

[24] DRISCOLL TOBIN A. Improvements to the Schwarz–Christoffel toolbox for matlab [J]. ACM Transactions on mathematical software，2005，31（2）：239–251.

[25] CHUANG J M, GUI Q Y, HSIUNG C C. Numerical computation of Schwarz–Christoffel transformation for simply connected unbounded domain [J]. Computer methods in applied mechanics and engineering，1993,105(1)：93–109.

[26] HOUGH DAVID M. Asymptotic gauss Jacobi quadrature error estimation for Schwarz–Christoffel Integrals [J]. Journal of approximation theory，2007, 146(2)：157–173.

[27] TREFETHENF LLOYD N. Numerical computation of the Schwarz–Christoffel transformation [J]. Society for industrial and applied mathematics，1980，1（1）：82–102.

[28] NATARAJAN SUNDARARAJAN，BORDAS STEPHANE，MAHAPATRA D ROY. Numerical integration over arbitrary polygonal domains based on Schwarz–Christoffel conformal mapping [J]. International journal for numerical methods in engineering, 2010, 80(1)：103–134.

[29] HU，CHENGLIE. A software package for computing Schwarz–Christoffel conformal transformation for doubly connected polygonal regions [J]. ACM transactions on mathematical software，1998，24(3)：317–333.

[30] CROWDY DARREN. The Schwarz–Christoffel mapping to bounded multiply connected polygonal domains [J]. Proceedingds of the royal society, 2005, 146(2)：2653–2678.

[31] DENNIS J E，SCHNABEL JR ROBERT B. numerical methods for unconstrained optimization and nonlinear equations[M]. Englewood Cliffs，1983.

[32] COSTAMAGNA EUGENIO. Numerical inversion of the Schwarz–Christoffel conformal transformation: strip–line case studies [J]. Microwave and optical technology letters，2001, 28(3)：179–183.

[33] HU，CH. A software package for computing Schwarz–Christoffel conformal transformation for doubly connected polygonal regions[J]. ACM transactions on mathematical software，1998，24（3）：317–333.

[34] P. M. J. Trevelyan, L. Elliott, D. B. Ingham. A numerical method for Schwarz–Christoffel conformal transformation with application to potential flow in channels with oblique sub–channels [J]. Computer Modeling in Engineering and Sciences，2000，1（1）：117–122.

[35] COSTAMAGNA EUGENIO. A new approach to standard Schwarz–Christoffel formula calculations[J]. Microwave and optical technology letters，2002，32（3）：196–199.

[36]   DRISCOLL TOBIN A. Improvements to the Schwarz-Christoffel toolbox for
        matlab[J]. ACM transactions on mathematical software，2005，31（2）：239-
        251.

[37]   Tang，L L，Yin，J C，Yuan，G S，et al. General conformal transformation method
        based on Schwarz-Christoffel approach [J]. Optics Express，2011，19（16）：
        15119-15126.

[38]   William T . Shaw. Conformal mapping II: the Schwarz——Christoffel mapping [J].
        Complex Analysis with Mathematica，2006，1（1）：451-472.

[39]   Costamagna，E. On the Numerical Inversion of the Schwarz-Christoffel Conformal
        Transformation [J]. IEEE Transactions on Microwave Theory and Techniques，
        1987，35（1）：35-40.

[40]   汤军 . 对储层建模的研究 [J]. 石油天然气学报，2006，28（3）：50-52.

[41]   韩登林，张昌民，李忠，等 . 油气田开发中后期的储层三步建模法——以
        赵凹油田为例 [J]. 地质科技情报，200，26（5）：109-112.

[42]   丁圣，林承焰 . 油藏地质建模及实时跟踪研究 [J]. 地球科学与环境学报，
        2010，32（1）：70-75.

[43]   孙洪泉 . 地质统计学及其应用 [M]. 徐州：中国矿业大学出版社，1990.

[44]   邓宏文，王红亮，祝永军 . 高分辨率层序地层学 [M]. 北京：地质出版社，
        2002.

[45]   吴胜和，金振奎，黄沧钿，等 . 储层建模 [M]. 北京：石油工业出版社，
        1999.

[46]   张团峰，王家华 . 储层随机建模和随机模拟原理 [J]. 测井技术,1955,19(6)：
        391-397.

[47]   张团峰 . 关于非参数回归函数的逐点假设检验 [J]. 西安石油学院学报，
        1996，11（6）：50-53.

[48]   张团峰 . 关于回归函数核估计得叠对数律 [J]. 纯粹数学与应用数学，1996，
        12（2）：52-56.

[49]   张团峰，王家华 . 利用储层随机模拟提高油藏数值模拟的效果 [J]. 西安石油
        学院学报，1996，11（3）：52-55.

[50]   侯景儒 . 地质统计学发展现状及对若干问题的讨论 [J]. 黄金地质，1996，2
        （1）：8-13.

[51] 杜亚军，杨龙. 线性地质统计学在地质工作计算机化中的作用及意义 [J]. 四川地质学报，1996，16（4）：372-377.

[52] 史海滨，陈亚新. 线性非平稳型农田土壤水分信息空间变异性及预测研究 [J]. 农业工程学报，1996，12（3）：77-82.

[53] 张团峰，王家华. 试论克里金估计与随机模拟的本质区别 [J]. 西安石油学院学报，1997，12（2）：52-56.

[54] 李钟山，陈永良，夏立显. 地质统计学中结构分析的理论与方法 [J]. 世界地质，1997，16（3）：70-82.

[55] 肖斌，赵鹏大，侯景儒. 现代地质统计学新进展 [J]. 世界地质，1999，18（3）：81-87.

[56] 肖斌，赵鹏大，侯景儒. 地质统计学新进展 [J]. 地球科学进展，2000，15（3）：294-296.

[57] 吕晓光，姜彬，李洁. 密井网条件下的储层确定性建模方法 [J]. 大庆石油地质与开发，2001，20（5）：19-25.

[58] 吴刚. 基于变差函数及隐含多项式曲线的图像物体分割描述与识别方法研究 [D]. 合肥：合肥工业大学，2001.

[59] 王建，黄毓瑜，金勇，等. 基于测井数据的三维地质模型构建与可视化 [J]. 测井技术，2003，27（5）：410-412.

[60] 陈焕东，余先川，侯景儒，等. 一种数据挖掘方法——析取克里格法理论及其在品位估计中的应用 [J]. 计算机工程与应用，2005，10（2）：179-182.

[61] 吴胜和，李文克. 多点地质统计学——理论、应用与展望 [J]. 古地理学报，2005，7（1）：137-144.

[62] 冯国庆，陈浩，张烈辉，等. 利用多点地质统计学方法模拟岩相分布 [J]. 西安石油大学学报（自然科学版），2005，20（5）：9-11.

[63] 常文渊，戴新刚，封国林. 克里格法在时间域上做外延预报的可行性 [J]. 计算物理，2006，23（3）：336-342.

[64] 隋新光，渠永宏，龙涛，等. 曲流河点坝砂体建模 [J]. 大庆：大庆石油学院学报，2006，30（1）：109-111.

[65] 隋新光. 曲流河道砂体内部建筑结构研究 [D]. 大庆石油学院，2006.

[66] 张存才，付志国，黄述旺. 曲流河点坝砂体内部建筑结构三维地质建模 [J]. 海洋石油，2007，27（4）：19-23.

[67] 李少华，张昌民．石油地质统计学的新进展 [J]．石油科技论坛，2008，2（1）：35–39.

[68] ZHANG Tuanfeng. Incorporating geological conceptual models and interpretations into reservoir modeling using multiple–point geostatistics[J]. Earth science frontiers，2008，15（1）：26–35.

[69] 张伟，林承焰，董春梅．多点地质统计学在秘鲁 D 油田地质建模中的应用 [J]．中国石油大学学报（自然科学版），2008，32（4）：24–28.

[70] 骆杨，赵彦超．多点地质统计学在河流相储层建模中的应用 [J]．地质科技情报，2008，27（3）：68–72.

[71] 尹艳树，吴胜和，翟瑞等．港东二区六区块曲流河储层三维地质建模 [J]．特种油气藏，2008，15（1）：17–20.

[72] 吴胜和，岳大力，刘建民，等．地下古河道储层构型的层次建模研究 [J]．中国科学，2008，38（1）：111–121.

[73] 岳大力，陈德坡，徐樟有．济阳坳陷孤东油田曲流河河道储集层构型三维建模 [J]．古地理学报，2009，11（2）：233–240.

[74] 白振强，王清华，杜庆龙，等．曲流河砂体三维构型地质建模及数值模拟研究 [J]．石油学报，2009，30（6）：898–902.

[75] 李毓，杨长青．储层地质建模策略及其技术方法应用 [J]．石油天然气学报，2009，31（3）：30–35.

[76] 张挺．基于多点地质统计的多孔介质重构方法及实现 [D]．合肥：中国科学技术大学，2009.

[77] 兰丽凤，白振强，于德水，等．曲流河砂体三维构型地质建模及应用 [J]．西南石油大学学报（自然科学版），2010，32（4）：20–25.

[78] 廖保方，龙国清，刘卓，等．非均质河道砂体多级相控建模方法探讨 [J]．石油天然气学报，2010，32（3）：32–37.

[79] 文华．多尺度信息用于精细地质建模 [J]．新疆石油天然气，2010，6（3）：58–62.

[80] 杜文凤，彭苏萍．利用地质统计学预测煤层厚度 [J]．岩石力学与工程学报，2010，29（1）：2762–2767.

[81] 周金应，桂碧雯，林闻．多点地质统计学在滨海相储层建模中的应用 [J]．西南石油大学学报（自然科学版），2010，32（6）：70–74.

[82] 刘颖，金亚杰. 多点地质统计学随机建模方法及应用实例分析 [J]. 国外油田工程，2010，26（11）：1–5.

[83] 乔勇，李少华，李君. 基于改进布尔模拟的曲流河点坝建模 [J]. 断块油气田，2010，17（3）：274–276.

[84] 尹艳树，张昌民，李玖勇，等. 多点地质统计学研究进展与展望 [J]. 古地理学报，2011，13（2）：245–252.

[85] 尹艳树. 层次建模方法及其在河流相储层建筑结构建模中的应用 [J]. 石油地质与工程，2011，25（6）：1–4.

[86] 尹艳树，张昌民，李少华，等. 一种新的曲流河点坝侧积层建模方法 [J]. 石油学报，2011，32（2）：315–319.

[87] 刘太勋，陶自强. 界面约束法在曲流河储层构型建模中的应用 [J]. 中国石油大学学报（自然科学版），2011，35（3）：26–30.

[88] 韩继超，王夕宾，孙致学，等. 利用多点地质统计学模拟河流相沉积微相 [J]. 特种油气藏，2011，18（6）：48–51.

[89] 石书缘，尹艳树，和景阳，等. 基于随机游走过程的多点地质统计学建模方法 [J]. 地质科技情报，2011，30（5）：9–131.

[90] 刘西雷. 曲流河储层三维地质建模研究——以孤岛中二中 Ng5 水驱转热采试验区为例 [J]. 中国石油大学胜利学院学报，2011，25（3）：1–6.

[91] 丁辉. 曲流河储层精细建模方法研究 [D]. 荆州：长江大学，2012.

[92] 范峥，吴胜和，岳大力，等. 曲流河点坝内部构型的嵌入式建模方法研究 [J]. 中国石油大学学报（自然科学版），2012，36（3）：1–6.

[93] 尹艳树，冯舒，尹太举. 曲流河储层建模方法的比较研究 [J]. 断块油气田，2012，19（1）：44–46.

[94] 邹拓，吴淑艳，陈晓智，等. 曲流河点坝内部超精细建模研究——以港东油田一区一断块为例 [J]. 天然气地球科学，2012，23（6）：1–6.

[95] 刘彦锋，尹志军，李进步，等. 多点地质统计学在苏 49–01 井区沉积微相建模中的应用 [J]. 勘探技术，2012，4（2）：41–46.

[96] 刘占族，张雷，霍丽娜，等. 地质统计学反演在煤层气薄储层识别中的应用 [J]. 石油地球物理勘探，2012，47（1）：30–34.

[97] 段冬平，侯加根，刘钰铭，等. 多点地质统计学方法在三角洲前缘微相模拟中的应用 [J]. 中国石油大学学报（自然科学版），2012，36（2）：22–26.

[98] 王家华，于海茂.多点地质统计学建模方法研究[J].石油化工应用，2012，31（10）：72-74.

[99] 石书缘，尹艳树，冯文杰.多点地质统计学建模的发展趋势[J].物探与化探，2012，36（4）：655-660.

[100] 王家华，马晓鸽.多点地质统计学在储层建模中的应用[J].石油工业计算机应用，2012，74（2）：14-16.

[101] 潘少伟，王家华，杨少春，等.基于多点地质统计方法的岩相建模研究[J].科学技术与工程，2012，12（12）：2805-2809.

[102] 陈培元，姜楠，杨辉廷，等.由两点到多点的地质统计学储层建模[J].断块油气田，2012，19（5）：596-599.

[103] 刘学利，汪彦.塔河缝洞型油藏溶洞相多点统计学建模方法[J].地质论评，2012，34（6）：53-58.

[104] 乔辉，王志章，李海明，等.两种改进的多点地质统计学方法对比研究[J].复杂油气藏，2013，6（3）：10-14.

[105] 李宁.基于模拟退火的地质统计学反演方法研究[D].青岛：中国石油大学，2013.

[106] 杨勇，聂海峰，张雅玲，等.基于多点地质统计学的岩性气藏精细建模方法与应用[J].断块油气田，2013，20（6）：723-726.

[107] 王家华，王孝超，李石权，等.基于多点地质统计算法的多重网格研究[J].长江大学学报（自然版），2013，10（26）：56-60.

[108] 李宇鹏，吴胜和，耿丽慧，等.基于空间矢量的点坝砂体储层构型建模[J].石油学报，2013，34（1）：133-139.

[109] 沈忠山，马雪品，王家华，等.多点地质统计学建模在大庆密井网油田储量计算中的应用[J].西安石油大学学报（自然科学版），2013，28（4）：64-68.

[110] 黄涛.基于GPU的多点地质统计逐点模拟并行算法的研究[D].合肥：中国科学技术大学，2013.

[111] 邹拓，刘应忠，聂国振.曲流河点坝内部构型精细研究及应用[J].现代地质，2014，28（3）：611-616.

[112] 冯文杰，吴胜和，印森林，等.基于矢量信息的多点地质统计学算法[J].中南大学学报（自然科学版），2014，45（4）：1261-1268.

[113] 尹艳树，张昌民，李少华，等．一种基于沉积模式的多点地质统计学建模方法 [J]. 地质论评，2014，60（1）：216-221.

[114] 刘卫，丁亚军，彭光艳，等．基于界面约束法的曲流河点坝内部构型建模 [J]. 油气地质与采收率，2014，21（3）：33-35.

[115] 孙玉波．河流相砂体地质建模方法 [D]. 秦皇岛：燕山大学，2014.

[116] 付斌，石林辉，江磊，等．多点地质统计学在致密砂岩气藏储层建模中的应用——以 s48-17-64 区块为例 [J]. 断块油气田，2014，21（6）：726-729.

[117] 陈涛．辫状河储层多点地质统计学建模方法研究 [D]. 西安：西安石油大学，2014.

[118] 张艳．多点地质统计模式构建及其在相建模中的应用 [D]. 武汉：中国地质大学，2014.

[119] 耿丽慧，侯加根，李宇鹏，等．多点地质统计学 DS-MPS 算法在储层沉积相建模中的应用 [J]. 大庆石油地质与开发，2015，34（1）：24-29.

[120] 吴小军，李晓梅，谢丹，等．多点地质统计学方法在冲积扇构型建模中的应用 [J]. 岩性油气藏，2015，27（5）：87-91.

[121] 刘跃杰，李继红，陈卓，等．基于三维训练图像的多点地质统计学岩相建模 [J]. 石油化工应用，2015，34（9）：94-100.

[122] 韩东，胡向阳，邬兴威，等．基于马蒙算法地质统计学反演的缝洞储集体预测 [J]. 物探与化探，2015，39（6）：1211-1216.

[123] 罗红梅，杨培杰，王长江，等．基于多点地质统计学多数据联合约束的岩相模拟 [J]. 石油地球物理勘探，2015，50（1）：162-169.

[124] 向传刚．运用多点地质统计学确定水下分流河道宽度及钻遇概率 [J]. 断块油气田，2015，22（2）：164-167.

[125] 刘超，谢传礼，汪磊．多点地质统计学在储层相建模中的应用 [J]. 断块油气田，2015，22（6）：760-764.

[126] 吴涛，付斌．多点地质统计学在苏里格气田地质建模的应用 [J]. 地质与勘探，2016，52（5）：985-991.

[127] 刘可可，侯加根，刘钰铭，等．多点地质统计学在点坝内部构型三维建模中的应用 [J]. 石油与天然气地质，2016，37（4）：577-583.

[128] 韩东，胡向阳，邬兴威，等．基于地质统计学反演的缝洞储集体物性定量评价 [J]. 地球物理学进展，2016，31（2）：654-661.

[129] 于明乐 . 基于多点地质统计学岩相随机模拟研究 [D]. 成都：西南石油大学，
2016.

[130] 马志武 . 多点地质统计学在沉积微相随机建模中的应用 [J]. 石油工业计算机
应用，2016，90（2）：28–31.

[131] 孙红霞，赵玉杰，姚军 . 一种新的曲流河点坝砂体侧积层建模方法——以
孤东油田七区西 $Ng5^{2+3}$ 层系为例 [J]. 新疆石油地质，2017，38（4）：477–
481.

[132] 文子桃，林承焰，陈仕臻，等 . 多点地质统计学建模参数敏感性分析 [J]. 西
安石油大学学报（自然科学版），2017，32（1）：44–51.

[133] 杨培杰 . 基于模式聚类与匹配的多点地质统计学随机模拟 [J]. 地球物理学进
展，2018，33（1）：279–284.

[134] 孙月成 . 基于 Bayesian–MCMC 算法的地质统计学反演及其在油藏模拟中的
应用 [J]. 地球物理学进展，2018，33（2）：724–729.

[135] LI Minqiang, LIN Dan, KOU Jisong. A hybrid nicking PSO enhanced
with recombination replacement crowding strategy for multimodal function
optimization[J]. Applied soft computing，2012，12（3）：975–987.

[136] FAVERO J L, SILVA L F L R, LAGE P L C. Comparison of methods for
multivariate moment inversion–introducing the independent component analysis[J].
Computers and chemical engineering，2014，60（1）：41–56.

[137] SUBHRAJIT R, MINHAZUL S K, SWAGATAM D, et al. Multimodal
optimization by artificial weed colonies enhanced with localized group search
optimizers[J]. Applied soft computing，2013，13（1）：27–16.

[138] 陈汉武，朱建锋，阮越，等 . 带交叉算子的量子粒子群优化算法 [J]. 东南大
学学报（自然科学版），2016，46（1）：23–29.

[139] 田瑾 . 高维多峰函数的量子行为粒子群优化算法改进研究 [J]. 控制与决策，
2016，31（11）：1967–1972.

[140] HOWELL L H, TREFETHEN L N. A modified schwarz–christoffel transformation
for elongated regions[J]. Society for Industrial and Applied Mathematics，1990，
11（5）:928–949.

[141] Лаврентьев М А , Шабат Б В. 复变函数论方法（第 6 版）[M]. 施祥林，夏
定中，吕乃刚，译 . 北京：育出版社，2006.

[142] 姚征 . 椭圆函数的精细积分改进算法 [J]. 数值计算与计算机应用，2008，29（4）：251–260.

[143] ABRAMOWITZ M，ISTEGUN I A. Handbook of mathematical functions with formulas，graphs，and mathematical tables[M]. Washington District of Columbia：Dover Publications，1996.

[144] 刘浩 . 大规模非线性方程组和无约束优化方法研究 [D]. 南京：南京航空航天大学，2008.

[145] 张光生，王玉风，姬安召，等 . 基于 Schwarz–Christoffel 变换的曲流河井位映射计算 [J]. 应用数学和力学，2020，41（7）：771–785.

[146] 王玉风，姬安召，崔建斌 . 矩形到任意多边形区域的 Schwarz–Christoffel 变换数值解法 [J]. 应用数学和力学，2019，40（1）：75–88.

[147] 王玉风，陈昭衡 .Schwarz Christoffel 变换在曲流河地质建模中的应用 [J]. 石油化工应用，2020，39（5）：103–108.

附录

附录 A

$(1-t)^{\alpha}(1+t)^{\beta}$ 在区间 $[-1,1]$ 正交多项式零点与权值的求解：

$$a_1 = (\beta - \alpha)/(\alpha + \beta + 2) \tag{A-1}$$

$$b_1 = \sqrt{\frac{4(1+\alpha)(1+\beta)}{(\alpha+\beta+3)(\alpha+\beta+2)^2}} \tag{A-2}$$

$$a_j = \frac{(\alpha+\beta)(\beta-\alpha)}{(\alpha+\beta+2j)(\alpha+\beta+2j-2)}(j=2,3,\cdots,n) \tag{A-3}$$

$$b_j = \sqrt{\frac{4j(j+\alpha)(j+\beta)(j+\alpha+\beta)}{\left((\alpha+\beta+2j)^2-1\right)(\alpha+\beta+2j)^2}}(j=2,3,\cdots,n-1) \tag{A-4}$$

由向量 $\boldsymbol{a}=[a_1,a_2,\cdots,a_n]$ 和 $\boldsymbol{b}=[b_1,b_2,\cdots,b_{n-1}]$ 构成三对角矩阵 $\boldsymbol{T}$：

$$\boldsymbol{T} = \begin{pmatrix} a_1 & b_1 & 0 & \cdots & \cdots & \cdots \\ b_1 & a_2 & b_2 & \cdots & \cdots & \cdots \\ 0 & b_2 & a_3 & \cdots & \cdots & \cdots \\ \vdots & \vdots & \vdots & \ddots & \cdots & \cdots \\ \vdots & \vdots & \vdots & b_{n-2} & a_{n-1} & b_{n-1} \\ \vdots & \vdots & \vdots & 0 & b_{n-1} & a_n \end{pmatrix} \tag{A-5}$$

通过求解矩阵 $\boldsymbol{T}$ 的特征值 D 与其对应的标准化特征向量 $\boldsymbol{V}$，则矩阵的特征值 D 即为多项式的零点。

即

$$X_j = D_j(j=1,2,\cdots,n) \tag{A-6}$$

权值：

$$W_j = \frac{2^{(\alpha+\beta+1)} \Gamma(\alpha+1) \Gamma(\beta+1)}{\Gamma(\alpha+\beta+2)} (V_{1j})^2 \quad (j=1,2,\cdots,n) \tag{A-7}$$

其中，V_{1j} 为标准化特征向量第一个元素值；$\Gamma(x)$ 为伽马函数。

附录 B：无约束条件变换的推导过程

特别说明：3.2 节为了简化问题，在变换中考虑起始点 a 为第一点，且对应的像点位于坐标原点，a 点左边没有点，而下面推导更适用一般情况，故 a 点任意选取。

第一步：

令 $d_k = |z_{k+1} - z_k|, (k=1,2,\cdots,N-1)$（将长度变换为正值）。

第二步：

①$1 \to a-1$ 点变换：

$$r_{0,j} = \ln(d_k)(k=1,2,\cdots,a-1)(j=k) \tag{B-1}$$

$$r_{0,j} = \ln(d_k) = \ln(z_{k+1} - z_k)(k=1,2,\cdots,a-1)(j=k,z_a=0) \tag{B-2}$$

②$a \to b-2$ 点变换：

$$r_{0,j} = \ln(d_k)(k=a,a+1,\cdots,b-2)(j=k) \tag{B-3}$$

$$r_{0,j} = \ln(d_k) = \ln(z_{k+1} - z_k)(k=a,a+1,\cdots,b-2)(j=k,z_a=0) \tag{B-4}$$

第三步：

①$c-1 \to d-3$ 点变换：

$$r_{0,j} = \ln(d_k)(k=c+1,c+2,\cdots,d-1)(j=k-2) \tag{B-5}$$

$$r_{0,j} = \ln(d_k) = \ln(z_k - z_{k+1}) \tag{B-6}$$

其中，$k=c+1,c+2,\cdots,d-1; j=k-2; z_d=0+i$。

②$b-1$点变换：

$$r_{0,j} = \frac{\ln(d_k) + \ln(d_{k+c-b+1})}{2}(k = b-1)(j = k) \tag{B-7}$$

$$r_{0,j} = \frac{\ln(z_b - z_{b-1}) + \ln(z_c - z_{c+1})}{2}(j = b-1) \tag{B-8}$$

第四步：

$b \rightarrow c-2$点变换：

令

$$x_j = e^{\pi(z_b - z_k)}(k = b+1, b+2, \cdots, c-1)(j = k) \tag{B-9}$$

令向量 $\boldsymbol{X} = [1, x_{b+1}, x_{b+2}, \cdots, x_{c-1}, -1]$，其中 $x_{b+1}, x_{b+2}, \cdots, x_{c-1}$ 为式（B-9）x_j 的计算值，则有

$$d_j = \ln\left(\frac{x_j - x_{j+1}}{x_{j+1} - x_{j+2}}\right)(j = b, b+1, \cdots, c-2) \tag{B-10}$$

根据式（B-10）可得：

$$d_b = 1 - e^{\pi(z_b - z_{b+1})}, d_{b+1} = e^{\pi(z_b - z_{b+1})} - e^{\pi(z_b - z_{b+2})}, d_{b+2} = e^{\pi(z_b - z_{b+2})} - e^{\pi(z_b - z_{b+3})}, \cdots,$$

$$d_{c-2} = e^{\pi(z_b - z_{c-2})} - e^{\pi(z_b - z_{c-1})}, d_{c-1} = e^{\pi(z_b - z_{c-1})} + 1$$

根据 d_j 的定义可求解 $r_{0,j}$，即

$$r_{0,j} = d_j \tag{B-11}$$

即

$$r_{0,b} = \ln\left(\frac{1 - e^{\pi(z_b - z_{b+1})}}{e^{\pi(z_b - z_{b+1})} - e^{\pi(z_b - z_{b+2})}}\right), r_{0,b+1} = \ln\left(\frac{e^{\pi(z_b - z_{b+1})} - e^{\pi(z_b - z_{b+2})}}{e^{\pi(z_b - z_{b+2})} - e^{\pi(z_b - z_{b+3})}}\right), \cdots,$$

$$r_{0,c-3} = \ln\left(\frac{e^{\pi(z_b - z_{c-3})} - e^{\pi(z_b - z_{c-2})}}{e^{\pi(z_b - z_{c-2})} - e^{\pi(z_b - z_{c-1})}}\right), r_{0,c-2} = \ln\left(\frac{e^{\pi(z_b - z_{c-2})} - e^{\pi(z_b - z_{c-1})}}{e^{\pi(z_b - z_{c-1})} + 1}\right)$$

因此，由上述求解步骤可得第四步的变换公式 3.2 节的式（21）。

第五步：

$d-2 \rightarrow N-3$点变换：

令

$$x_j = \mathrm{Re}\left(\mathrm{e}^{\pi z_k}\right) = \mathrm{e}^{\pi\left(x_k + i\right)} = -\mathrm{e}^{\pi x_k}\ \left(k = d+1, d+2, \cdots, N\right)\left(j = k\right) \quad （B-12）$$

令 $X = \left[-1, x_{d+1}, x_{d+2}, \cdots, x_N, 1\right]$，其中 $x_{d+1}, x_{d+2}, \cdots, x_N$ 为式（B-12）的计算值，则有

$$d_j = \ln\left(\frac{x_{j+1} - x_j}{x_{j+2} - x_{j+1}}\right)\left(j = d, d+1, \cdots, N-1\right) \quad （B-13）$$

根据式（B-13）可得

$$d_d = -\mathrm{e}^{\pi x_{d+1}} + 1, d_{d+1} = -\mathrm{e}^{\pi x_{d+2}} + \mathrm{e}^{\pi x_{d+1}}, d_{d+2} = -\mathrm{e}^{\pi x_{d+3}} + \mathrm{e}^{\pi x_{d+2}}, \cdots,$$

$$d_{N-1} = -\mathrm{e}^{\pi x_N} + \mathrm{e}^{\pi x_{N-1}}, d_N = 1 + \mathrm{e}^{\pi x_N}$$

根据 d_j 的定义可求解 $r_{0,j}$，即

$$r_{0,j} = d_j \quad （B-14）$$

即

$$r_{0,d-2} = \ln\left(\frac{-\mathrm{e}^{\pi x_{d+1}} + 1}{-\mathrm{e}^{\pi x_{d+2}} + e^{\pi x_{d+1}}}\right), r_{0,d-1} = \ln\left(\frac{-\mathrm{e}^{\pi x_{d+2}} + e^{\pi x_{d+1}}}{-\mathrm{e}^{\pi x_{d+3}} + e^{\pi x_{d+2}}}\right), \cdots,$$

$$r_{0,N-4} = \ln\left(\frac{-\mathrm{e}^{\pi x_{N-1}} + \mathrm{e}^{\pi x_{N-2}}}{-\mathrm{e}^{\pi x_N} + e^{\pi x_{N-1}}}\right), r_{0,N-3} = \ln\left(\frac{-\mathrm{e}^{\pi x_N} + \mathrm{e}^{\pi x_{N-1}}}{1 + \mathrm{e}^{\pi x_N}}\right)$$

因此，由上述求解步骤可得第四步的变换公式 4.3.2 节的式（147）。

附录 C：实参数到复参数变换及实参与复参数的等价证明

第一步：

令 $z_0' = \left[0, 0, \cdots, 0\right]_N$，此时已经包含 $z_a = 0$。

第二步：

$a+1 \rightarrow b-1$ 点变换：

$$t_{j+1} = \mathrm{e}^{r_{0,j}}\ \left(j = a, a+1, \cdots, b-2\right) \quad （C-1）$$

其中，$r_{0,j}$ 为附录 B 中变换中所对应的实参数。

做 t_{j+1} 的累加变换，令

$$l_{j+1} = \sum_{m=a}^{j} t_{j+1} \quad (j = a, a+1, \cdots, b-2) \tag{C-2}$$

则 l_{j+1} 为实参数 $r_{0,j}$ 的函数，通过附录 B 的推导可知，$r_{0,j}$ 为复参数区域位置 z_j 的函数。

通过式（C-2）把实参数还原到复参数中，令

$$z'_{0,j+1} = l_{j+1} \tag{C-3}$$

将 l_{j+1} 与 $r_{0,j}$ 表达式代入式（C-3）中，注意点位的对应关系，$r_{0,j}$ 应选择附录 B 中式（B-4）：

$$l_{j+1} = \sum_{m=a}^{j} t_{m+1} = \sum_{m=a}^{j} e^{r_{0,m}} = \sum_{m=a}^{j} e^{\ln(z_{m+1}-z_m)} = \sum_{m=a}^{j} (z_{m+1} - z_m) \tag{C-4}$$

当 $j = a$ 时：

$$z'_{0,a+1} = \sum_{m=a}^{j=a} (z_{m+1} - z_m) = z_{a+1} \quad (z_a = 0) \tag{C-5}$$

当 $j = a+1$ 时：

$$z'_{0,a+2} = \sum_{m=a}^{j=a+1} (z_{m+1} - z_m) = (z_{a+2} - z_{a+1}) + (z_{a+1} - z_a) = z_{a+2} - z_a = z_{a+2} \tag{C-6}$$

$\cdots\cdots$

当 $j = b-2$ 时：

$$\begin{aligned} z'_{0,b-1} &= \sum_{m=a}^{j=b-2} (z_{m+1} - z_m) = (z_{a+1} - z_a) + (z_{a+2} - z_{a-1}) + \cdots + \\ &\quad (z_{b-2} - z_{b-3}) + (z_{b-1} - z_{b-2}) \\ &= z_{b-1} - z_a = z_{b-1} (\because z_a = 0) \end{aligned} \tag{C-7}$$

通过式（C-5）～式（C-7）的计算可以得出：

$$z'_{0,j+1} = \sum_{m=a}^{j} (z_{m+1} - z_m) = z_{j+1} - z_a \quad (j = a, a+1, \cdots, b-2) \tag{C-8}$$

证明了 $a+1 \rightarrow b-1$ 点实参数变换与复参数变换是可逆的，且变换过程中满足单值映射关系。

第三步：

$c+1 \to d-1$ 点变换：

$$t_{j+2} = \mathrm{e}^{r_{0,j}} \left(j = d-3, d-4, \cdots, c-1 \right) \tag{C-9}$$

特别注意：为了使实参数与复参数的下标对应，这里下标加 2，下标为递减序列。

做 t_{j+2} 的累加变换，令

$$l_{j+2} = \sum_{m=a}^{j} t_{j+2} \left(j = d-3, d-4, \cdots, c-1 \right) \tag{C-10}$$

将 l_{j+1} 与 $r_{0,j}$ 表达式代入式（C-10）中，注意点位的对应关系，$r_{0,j}$ 应选择附录 B 中式（B-6）：

$$
\begin{aligned}
z'_{0,j+2} &= \mathrm{i} + l_{j+2} = \mathrm{i} + \sum_{m=d-3}^{j} t_{m+2} \\
&= \mathrm{i} + \sum_{m=d-3}^{j} \mathrm{e}^{r_{0,m}} = \mathrm{i} + \sum_{m=d-3}^{j} \mathrm{e}^{\ln(z_{m+2} - z_{m+3})}. \\
&= \mathrm{i} + \sum_{m=d-3}^{j} \left(z_{m+2} - z_{m+3} \right) \left(j = d-3, d-4, \cdots, c-1 \right)
\end{aligned}
\tag{C-11}
$$

当 $j = d-3$ 时：

$$z'_{0,d-1} = \mathrm{i} + \sum_{m=d-3}^{j=d-3} \left(z_{m+2} - z_{m+3} \right) = \mathrm{i} + z_{d-1} - z_d = z_{d-1} \left(z_d = 0 + \mathrm{i} \right) \tag{C-12}$$

当 $j = d-4$ 时：

$$z'_{0,d-2} = \mathrm{i} + \sum_{m=d-3}^{j=d-4} \left(z_{m+2} - z_{m+3} \right) = \mathrm{i} + \left(z_{d-1} - z_d \right) + \left(z_{d-2} - z_{d-1} \right) = z_{d-2} \tag{C-13}$$

……

当 $j = c-1$ 时：

$$
\begin{aligned}
z'_{0,c+1} &= \mathrm{i} + \sum_{m=d-3}^{j=c-1} \left(z_{m+2} - z_{m+3} \right) \\
&= \mathrm{i} + \left(z_{d-1} - z_d \right) + \left(z_{d-2} - z_{d-1} \right) + \cdots + \left(z_{c+2} - z_{c+3} \right) + \left(z_{c+1} - z_{c+2} \right) \\
&= z_{c+1} \left(z_d = 0 + \mathrm{i} \right)
\end{aligned}
\tag{C-14}
$$

通过式（C-12）～式（C-14）的计算可以得出如下基本关系式：

$$z_{0,j+2}^{'} = i + \sum_{m=d-3}^{j} \left(z_{m+2} - z_{m+3} \right) = i + z_{j+2} - z_d \tag{C-15}$$

$$= z_{j+2} \left(j = d-3, d-4, \ldots, c-1 \right)$$

证明了 $c+1 \to d-1$ 点实参数变换与复参数变换是可逆的，且变换过程中满足单值映射关系。

第四步：

b,c,d 三个点特殊点的基本变换：

令

$$t_1 = \text{Re}\left(z_{0,b-1}^{'} \right) = z_{b-1} \tag{C-16}$$

提示： $z_{0,b-1}^{'}$ 在第二步变换过程已求出，是一个参数。

令

$$t_2 = \text{Re}\left(z_{0,c+1}^{'} \right) = \text{Re}\left(z_{c+1} \right) = x_{c+1} \tag{C-16}$$

提示： $z_{0,c+1}^{'}$ 在第三步变换过程已求出，是一个参数。

根据附录 B 无约束条件变换的式（B-8）可得：

$$r_{0,b-1} = \frac{1}{2} \ln\left[\left(z_b - z_{b-1} \right)\left(x_c - x_{c+1} \right) \right] \tag{C-17}$$

对式（C-17）进行整理可得：

$$e^{2r_{0,b-1}} = \left(z_b - z_{b-1} \right)\left(x_c - x_{c+1} \right) \tag{C-18}$$

根据 3.3 节图 2 可知 $z_b = x_c$ ，代入式（C-18）整理可得：

$$z_b^2 - z_b \left(t_2 + t_1 \right) + t_2 t_1 - e^{2r_{0,b-1}} = 0 \tag{C-19}$$

式（C-19）中，只有 z_b 是未知数，其他都可以根据前文的条件求出，通过求解式（C-19），可得 z_b 参数：

$$z_b = \frac{t_2 + t_1}{2} + \sqrt{\left(\frac{t_2 - t_1}{2} \right)^2 + e^{2r_{0,b-1}}} \tag{C-20}$$

根据式（C-20）可得：

$$z_{0,b}^{'} = \frac{t_2 + t_1}{2} + \sqrt{\left(\frac{t_2 - t_1}{2} \right)^2 + e^{2r_{0,b-1}}} \tag{C-21}$$

根据初始化基本原则可得：

$$z'_{0,c} = z'_{0,b} + \mathrm{i} \tag{C-22}$$

$$z'_{0,d} = 0 + \mathrm{i} \tag{C-23}$$

同理，式（C-21）、式（C-22）和式（C-23）也证明了 b,c,d 三个点特殊实参数与复参数变换等价性。

第五步：

$b+1 \to c-1$ 点变换：

令

$$t_j = \mathrm{e}^{-r_{0,j}} \left(j = b, b+1, \cdots, c-2 \right) \tag{C-24}$$

令 t_j 所有的元素与 1 组成一个向量，即 $\boldsymbol{t}_m$ 向量：

$$\boldsymbol{t}_m = \left[1, \mathrm{e}^{-r_{0,b}}, \mathrm{e}^{-r_{0,b+1}} \cdots \mathrm{e}^{-r_{0,c-3}}, \mathrm{e}^{-r_{0,c-2}} \right] \left(m = b-1, b, b+1, \cdots, c-2 \right) \tag{C-25}$$

对式（C-25）的向量 $\boldsymbol{t}_m$ 做累加变换：

$$\boldsymbol{l}_m = \prod_{m=b-1}^{m} \boldsymbol{t}_m \left(m = b-1, b, b+1, \cdots, c-2 \right) \tag{C-26}$$

其中，$\boldsymbol{l}_m$ 共有 $c-b$ 项，即 $l_{b-1} = 1$，$l_b = \mathrm{e}^{-r_{0,b}}$，$l_{b+1} = \mathrm{e}^{-r_{0,b}} \mathrm{e}^{-r_{0,b+1}}$，$\cdots$，$l_{c-2} = \mathrm{e}^{-r_{0,b}} \mathrm{e}^{-r_{0,b+1}} \cdots \mathrm{e}^{-r_{0,c-3}} \mathrm{e}^{-r_{0,c-2}}$。

对式（C-26）的 l_m 形成的向量做累加变换：

$$\boldsymbol{h}_m = \sum_{m=b-1}^{m} \boldsymbol{l}_m \left(m = b-1, b, b+1, \cdots, c-2 \right) \tag{C-27}$$

即 $\boldsymbol{h}_m$ 共有 $c-b$ 项：$h_{b-1} = 1, h_b = 1 + \mathrm{e}^{-r_{0,b}}, h_{b+1} = 1 + \mathrm{e}^{-r_{0,b}} + \mathrm{e}^{-r_{0,b}} \mathrm{e}^{-r_{0,b+1}}, \cdots, h_{c-2} = 1 + \mathrm{e}^{-r_{0,b}} + \mathrm{e}^{-r_{0,b}} \mathrm{e}^{-r_{0,b+1}} + \cdots + \mathrm{e}^{-r_{0,b}} \mathrm{e}^{-r_{0,b+1}} \cdots \mathrm{e}^{-z_{0,c-3}} \mathrm{e}^{-r_{0,c-2}}$。

令 0 与向量 $\boldsymbol{h}_m$ 所有元素组成新的向量 $\boldsymbol{g}_m$，即

$$\boldsymbol{g}_m = \left[0, h_{b-1}, \cdots, h_m, \cdots, h_{c-3}, h_{c-2} \right] \left(m = b-2, b-1, b, \cdots, c-2 \right) \tag{C-28}$$

即 $\boldsymbol{g}_m$ 共有 $c-b+1$ 项：$g_{b-2} = 0, g_{b-1} = 1, g_b = 1 + \mathrm{e}^{-r_{0,b}}$，$g_{b+1} = 1 + \mathrm{e}^{-r_{0,b}} + \mathrm{e}^{-r_{0,b}} \mathrm{e}^{-r_{0,b+1}}, \cdots$，$g_{c-2} = 1 + \mathrm{e}^{-r_{0,b}} + \mathrm{e}^{-r_{0,b}} \mathrm{e}^{-r_{0,b+1}} + \cdots + \mathrm{e}^{-r_{0,b}} \mathrm{e}^{-r_{0,b+1}} \cdots \mathrm{e}^{-r_{0,c-3}} \mathrm{e}^{-r_{0,c-2}}$。

将 $\boldsymbol{g}_m$ 写成向量的形式，即

$$\boldsymbol{g}_m = \left[0, 1, 1+\mathrm{e}^{-\sum\limits_{j=b}^{b} r_{0,j}}, 1+\mathrm{e}^{-\sum\limits_{j=b}^{b} r_{0,j}}+\mathrm{e}^{-\sum\limits_{j=b}^{b+1} r_{0,j}}, \cdots, 1+\mathrm{e}^{-\sum\limits_{j=b}^{b} r_{0,j}}+\mathrm{e}^{-\sum\limits_{j=b}^{b+1} r_{0,j}}+\cdots+\mathrm{e}^{-\sum\limits_{j=b}^{c-2} r_{0,j}} \right]$$

令 $\boldsymbol{l}_m^1 = \left[\mathrm{e}^{-\sum\limits_{j=b}^{c-2} r_{0,j}}, \mathrm{e}^{-\sum\limits_{j=b}^{c-3} r_{0,j}}, \cdots, \mathrm{e}^{-\sum\limits_{j=b}^{b+1} r_{0,j}}, \mathrm{e}^{-\sum\limits_{j=b}^{b} r_{0,j}}, 1 \right]$，$\boldsymbol{l}_m^1$ 共有 $c-b$ 项，并对其进行累加变

换可得：

$$\boldsymbol{l}_m^2 = \begin{bmatrix} \mathrm{e}^{-\sum\limits_{j=b}^{c-2} r_{0,j}} \\ \mathrm{e}^{-\sum\limits_{j=b}^{c-2} r_{0,j}}+\mathrm{e}^{-\sum\limits_{j=b}^{c-3} r_{0,j}} \\ \cdots \\ \mathrm{e}^{-\sum\limits_{j=b}^{c-2} r_{0,j}}+\mathrm{e}^{-\sum\limits_{j=b}^{c-3} r_{0,j}}+\cdots+\mathrm{e}^{-\sum\limits_{j=b}^{b+1} r_{0,j}} \\ \mathrm{e}^{-\sum\limits_{j=b}^{c-2} r_{0,j}}+\mathrm{e}^{-\sum\limits_{j=b}^{c-3} r_{0,j}}+\cdots+\mathrm{e}^{-\sum\limits_{j=b}^{b+1} r_{0,j}}+\mathrm{e}^{-\sum\limits_{j=b}^{b} r_{0,j}} \\ \mathrm{e}^{-\sum\limits_{j=b}^{c-2} r_{0,j}}+\mathrm{e}^{-\sum\limits_{j=b}^{c-3} r_{0,j}}+\cdots+\mathrm{e}^{-\sum\limits_{j=b}^{b+1} r_{0,j}}+\mathrm{e}^{-\sum\limits_{j=b}^{b} r_{0,j}}+1 \end{bmatrix} \qquad （\mathrm{C}\text{-}29）$$

$\boldsymbol{l}_m^2$ 共有 $c-b$ 项，对式（C-29）的向量进行翻转变换，并在其最后一个元素后面加 0，写成向量的形式，整理可得：

$$\boldsymbol{l}_m^3 = \begin{bmatrix} \mathrm{e}^{-\sum\limits_{j=b}^{c-2} r_{0,j}}+\mathrm{e}^{-\sum\limits_{j=b}^{c-3} r_{0,j}}+\cdots+\mathrm{e}^{-\sum\limits_{j=b}^{b+1} r_{0,j}}+\mathrm{e}^{-\sum\limits_{j=b}^{b} r_{0,j}}+1 \\ \mathrm{e}^{-\sum\limits_{j=b}^{c-2} r_{0,j}}+\mathrm{e}^{-\sum\limits_{j=b}^{c-3} r_{0,j}}+\cdots+\mathrm{e}^{-\sum\limits_{j=b}^{b+1} r_{0,j}}+\mathrm{e}^{-\sum\limits_{j=b}^{b} r_{0,j}} \\ \mathrm{e}^{-\sum\limits_{j=b}^{c-2} r_{0,j}}+\mathrm{e}^{-\sum\limits_{j=b}^{c-3} r_{0,j}}+\cdots+\mathrm{e}^{-\sum\limits_{j=b}^{b+1} r_{0,j}} \\ \cdots \\ \mathrm{e}^{-\sum\limits_{j=d}^{c-2} r_{0,j}}+\mathrm{e}^{-\sum\limits_{j=d}^{c-3} r_{0,j}} \\ \mathrm{e}^{-\sum\limits_{j=d}^{c-2} r_{0,j}} \\ 0 \end{bmatrix} \qquad （\mathrm{C}\text{-}30）$$

$\boldsymbol{l}_m^3$ 共有 $c-b+1$ 项。

令

$$\boldsymbol{f}_m = \boldsymbol{g}_m - \boldsymbol{l}_m^3 \left(m = b-2, b-1, b, \cdots, c-2\right) \tag{C-31}$$

将式（C–28）和式（C–30）代入式（C–31）可得：

$$
\begin{bmatrix}
0 \\
1 \\
1+e^{-\sum\limits_{j=b}^{b}r_{0,j}} \\
1+e^{-\sum\limits_{j=b}^{b}r_{0,j}}+e^{-\sum\limits_{j=b}^{b+1}r_{0,j}} \\
\cdots \\
1+e^{-\sum\limits_{j=b}^{b}r_{0,j}}+e^{-\sum\limits_{j=b}^{b+1}r_{0,j}}+\cdots+e^{-\sum\limits_{j=b}^{c-4}r_{0,j}} \\
1+e^{-\sum\limits_{j=b}^{b}r_{0,j}}+e^{-\sum\limits_{j=b}^{b+1}r_{0,j}}+\cdots+e^{-\sum\limits_{j=b}^{c-3}r_{0,j}} \\
1+e^{-\sum\limits_{j=b}^{b}r_{0,j}}+e^{-\sum\limits_{j=b}^{b+1}r_{0,j}}+\cdots+e^{-\sum\limits_{j=b}^{c-2}r_{0,j}}
\end{bmatrix}
-
\begin{bmatrix}
e^{-\sum\limits_{j=b}^{c-2}r_{0,j}}+e^{-\sum\limits_{j=b}^{c-3}r_{0,j}}+\cdots+e^{-\sum\limits_{j=b}^{b+1}r_{0,j}}+e^{-\sum\limits_{j=b}^{b}r_{0,j}}+1 \\
e^{-\sum\limits_{j=b}^{c-2}r_{0,j}}+e^{-\sum\limits_{j=b}^{c-3}r_{0,j}}+\cdots+e^{-\sum\limits_{j=b}^{b+1}r_{0,j}}+e^{-\sum\limits_{j=b}^{b}r_{0,j}} \\
e^{-\sum\limits_{j=b}^{c-2}r_{0,j}}+e^{-\sum\limits_{j=b}^{c-3}r_{0,j}}+\cdots+e^{-\sum\limits_{j=b}^{b+1}r_{0,j}} \\
\cdots \\
e^{-\sum\limits_{j=d}^{c-2}r_{0,j}}+e^{-\sum\limits_{j=d}^{c-3}r_{0,j}} \\
e^{-\sum\limits_{j=d}^{c-2}r_{0,j}} \\
0
\end{bmatrix}
$$

$$
=
\begin{bmatrix}
0-e^{-\sum\limits_{j=b}^{c-2}r_{0,j}}-e^{-\sum\limits_{j=b}^{c-3}r_{0,j}}-\cdots-e^{-\sum\limits_{j=b}^{b+1}r_{0,j}}-e^{-\sum\limits_{j=b}^{b}r_{0,j}}-1 \\
1-e^{-\sum\limits_{j=b}^{c-2}r_{0,j}}-e^{-\sum\limits_{j=b}^{c-3}r_{0,j}}-\cdots-e^{-\sum\limits_{j=b}^{b+1}r_{0,j}}-e^{-\sum\limits_{j=b}^{b}r_{0,j}} \\
1+e^{-\sum\limits_{j=b}^{b}r_{0,j}}-e^{-\sum\limits_{j=b}^{c-2}r_{0,j}}-e^{-\sum\limits_{j=b}^{c-3}r_{0,j}}-\cdots-e^{-\sum\limits_{j=b}^{b+1}r_{0,j}} \\
1+e^{-\sum\limits_{j=b}^{b}r_{0,j}}+e^{-\sum\limits_{j=b}^{b+1}r_{0,j}}-e^{-\sum\limits_{j=b}^{c-2}r_{0,j}}-e^{-\sum\limits_{j=b}^{c-3}r_{0,j}}-\cdots-e^{-\sum\limits_{j=b}^{b+2}r_{0,j}} \\
\cdots \\
1+e^{-\sum\limits_{j=b}^{b}r_{0,j}}+e^{-\sum\limits_{j=b}^{b+1}r_{0,j}}+\cdots+e^{-\sum\limits_{j=b}^{c-4}r_{0,j}}-e^{-\sum\limits_{j=d}^{c-3}r_{0,j}} \\
1+e^{-\sum\limits_{j=b}^{b}r_{0,j}}+e^{-\sum\limits_{j=b}^{b+1}r_{0,j}}+\cdots+e^{-\sum\limits_{j=b}^{c-3}r_{0,j}}-e^{-\sum\limits_{j=d}^{c-2}r_{0,j}} \\
1+e^{-\sum\limits_{j=b}^{b}r_{0,j}}+e^{-\sum\limits_{j=b}^{b+1}r_{0,j}}+\cdots+e^{-\sum\limits_{j=b}^{c-2}r_{0,j}}
\end{bmatrix}
\tag{C-32}
$$

在式（C–32）中，注意 $r_{0,j}$ 的下标位置，将附录 C 中无约束变换的式（C–11）的其结果代入式（C–32）进行整理可得：

$$f_m = \begin{bmatrix} -2 - 2e^{\pi(z_b - z_{b+1})} \Big/ \left(1 - e^{\pi(z_b - z_{b+1})}\right) \\ -2e^{\pi(z_b - z_{b+1})} \Big/ \left(1 - e^{\pi(z_b - z_{b+1})}\right) \\ -2e^{\pi(z_b - z_{b+2})} \Big/ \left(1 - e^{\pi(z_b - z_{b+1})}\right) \\ -2e^{\pi(z_b - z_{b+3})} \Big/ \left(1 - e^{\pi(z_b - z_{b+1})}\right) \\ \cdots \\ -2e^{\pi(z_b - z_{c-2})} \Big/ \left(1 - e^{\pi(z_b - z_{b+1})}\right) \\ -2e^{\pi(z_b - z_{c-1})} \Big/ \left(1 - e^{\pi(z_b - z_{b+1})}\right) \\ 2 \Big/ \left(1 - e^{\pi(z_b - z_{b+1})}\right) \end{bmatrix} \quad (m = b-2, b-1, b, \cdots, c-2) \qquad (\text{C-33})$$

令

$$r_m = \ln\left(\frac{f_m}{f_{c-2}}\right)\Big/ \pi \, (m = b-1, b, b+1, \cdots, c-3) \qquad (\text{C-34})$$

当 $m = b-1$ 时：

$$r_{b-1} = \ln\left(\frac{h_{b-1}}{h_{c-2}}\right)\Big/ \pi = \ln\left(\frac{1 - e^{-\sum\limits_{j=b}^{c-2} r_{0,j}} - e^{-\sum\limits_{j=b}^{c-3} r_{0,j}} - \cdots - e^{-\sum\limits_{j=b}^{b+1} r_{0,j}} - e^{-\sum\limits_{j=b}^{b} r_{0,j}}}{1 + e^{-\sum\limits_{j=b}^{b} r_{0,j}} + e^{-\sum\limits_{j=b}^{b+1} r_{0,j}} + \cdots + e^{-\sum\limits_{j=b}^{c-3} r_{0,j}} + e^{-\sum\limits_{j=b}^{c-2} r_{0,j}}}\right)\Big/ \pi \qquad (\text{C-35})$$

现在分别计算式（C-35）的指数部分，寻求其基本规律：

$$\sum_{j=b}^{c-2} r_{0,j} = \ln\left(\frac{1 - e^{\pi(z_b - z_{b+1})}}{e^{\pi(z_b - z_{b+1})} - e^{\pi(z_b - z_{b+2})}}\right) + \ln\left(\frac{e^{\pi(z_b - z_{b+1})} - e^{\pi(z_b - z_{b+2})}}{e^{\pi(z_b - z_{b+2})} - e^{\pi(z_b - z_{b+3})}}\right) + \cdots +$$

$$\ln\left(\frac{e^{\pi(z_b - z_{c-3})} - e^{\pi(z_b - z_{c-2})}}{e^{\pi(z_b - z_{c-2})} - e^{\pi(z_b - z_{c-1})}}\right) + \ln\left(\frac{e^{\pi(z_b - z_{c-2})} - e^{\pi(z_b - z_{c-1})}}{e^{\pi(z_b - z_{c-1})} + 1}\right)$$

$$= \ln\left(\frac{1 - e^{\pi(z_b - z_{b+1})}}{e^{\pi(z_b - z_{c-1})} + 1}\right)$$

$$\sum_{j=b}^{c-3} r_{0,j} = \ln\left(\frac{1 - e^{\pi(z_b - z_{b+1})}}{e^{\pi(z_b - z_{b+1})} - e^{\pi(z_b - z_{b+2})}}\right) + \ln\left(\frac{e^{\pi(z_b - z_{b+1})} - e^{\pi(z_b - z_{b+2})}}{e^{\pi(z_b - z_{b+2})} - e^{\pi(z_b - z_{b+3})}}\right) + \cdots +$$

$$\ln\left(\frac{e^{\pi(z_b - z_{c-4})} - e^{\pi(z_b - z_{c-3})}}{e^{\pi(z_b - z_{c-3})} - e^{\pi(z_b - z_{c-2})}}\right) + \ln\left(\frac{e^{\pi(z_b - z_{c-3})} - e^{\pi(z_b - z_{c-2})}}{e^{\pi(z_b - z_{c-2})} - e^{\pi(z_b - z_{c-1})}}\right)$$

$$= \ln\left(\frac{1 - e^{\pi(z_b - z_{b+1})}}{e^{\pi(z_b - z_{c-2})} - e^{\pi(z_b - z_{c-1})}}\right)$$

$$\sum_{j=b}^{b+1} r_{0,j} = \ln\left(\frac{1-e^{\pi(z_b-z_{b+1})}}{e^{\pi(z_b-z_{b+1})}-e^{\pi(z_b-z_{b+2})}}\right) + \ln\left(\frac{e^{\pi(z_b-z_{b+1})}-e^{\pi(z_b-z_{b+2})}}{e^{\pi(z_b-z_{b+2})}-e^{\pi(z_b-z_{b+3})}}\right)$$

$$= \ln\left(\frac{1-e^{\pi(z_b-z_{b+1})}}{e^{\pi(z_b-z_{b+2})}-e^{\pi(z_b-z_{b+3})}}\right)$$

$$\sum_{j=b}^{b} r_{0,j} = \ln\left(\frac{1-e^{\pi(z_b-z_{b+1})}}{e^{\pi(z_b-z_{b+1})}-e^{\pi(z_b-z_{b+2})}}\right)$$

将上述结果代入式（C-35）整理可得：

$$r_{b-1} = \ln\left(\frac{1-\dfrac{e^{\pi(z_b-z_{c-1})}+1}{1-e^{\pi(z_b-z_{b+1})}} - \dfrac{e^{\pi(z_b-z_{c-2})}-e^{\pi(z_b-z_{c-1})}}{1-e^{\pi(z_b-z_{b+1})}} - \dfrac{e^{\pi(z_b-z_{c-3})}-e^{\pi(z_b-z_{c-2})}}{1-e^{\pi(z_b-z_{b+1})}} - \cdots -}{1+\dfrac{e^{\pi(z_b-z_{c-1})}+1}{1-e^{\pi(z_b-z_{b+1})}} + \dfrac{e^{\pi(z_b-z_{c-2})}-e^{\pi(z_b-z_{c-1})}}{1-e^{\pi(z_b-z_{b+1})}} + \cdots + \dfrac{e^{\pi(z_b-z_{b+2})}-e^{\pi(z_b-z_{b+3})}}{1-e^{\pi(z_b-z_{b+1})}} + \dfrac{e^{\pi(z_b-z_{b+1})}-e^{\pi(z_b-z_{b+2})}}{1-e^{\pi(z_b-z_{b+1})}}}\right)/\pi$$

$$= \ln\left(\frac{\dfrac{e^{\pi(z_b-z_{b+3})}-e^{\pi(z_b-z_{b+4})}}{1-e^{\pi(z_b-z_{b+1})}} - \dfrac{e^{\pi(z_b-z_{b+2})}-e^{\pi(z_b-z_{b+3})}}{1-e^{\pi(z_b-z_{b+1})}} - \dfrac{e^{\pi(z_b-z_{b+1})}-e^{\pi(z_b-z_{b+2})}}{1-e^{\pi(z_b-z_{b+1})}}}{1+\dfrac{e^{\pi(z_b-z_{c-1})}+1}{1-e^{\pi(z_b-z_{b+1})}} + \dfrac{e^{\pi(z_b-z_{c-2})}-e^{\pi(z_b-z_{c-1})}}{1-e^{\pi(z_b-z_{b+1})}} + \cdots + \dfrac{e^{\pi(z_b-z_{b+2})}-e^{\pi(z_b-z_{b+3})}}{1-e^{\pi(z_b-z_{b+1})}} + \dfrac{e^{\pi(z_b-z_{b+1})}-e^{\pi(z_b-z_{b+2})}}{1-e^{\pi(z_b-z_{b+1})}}}\right)/\pi$$

$$= \ln\left(\frac{1-\dfrac{1}{1-e^{\pi(z_b-z_{b+1})}} - \dfrac{e^{\pi(z_b-z_{b+1})}}{1-e^{\pi(z_b-z_{b+1})}}}{1+\dfrac{1}{1-e^{\pi(z_b-z_{b+1})}} + \dfrac{e^{\pi(z_b-z_{b+1})}}{1-e^{\pi(z_b-z_{b+1})}}}\right)/\pi$$

$$= \ln\left(\frac{\dfrac{-2e^{\pi(z_b-z_{b+1})}}{1-e^{\pi(z_b-z_{b+1})}}}{\dfrac{2}{1-e^{\pi(z_b-z_{b+1})}}}\right)/\pi$$

$$= \ln\left(-e^{\pi(z_b-z_{b+1})}\right)/\pi$$

$$= \left[\ln\left|-e^{\pi(z_b-z_{b+1})}\right| + i\times\arg\left(-e^{\pi(z_b-z_{b+1})}\right)\right]/\pi$$

$$= \left[\pi(z_b-z_{b+1})+i\times\pi\right]/\pi$$

$$= (z_b-z_{b+1})+i \tag{C-36}$$

上述化简结果中，应特别注意 $\ln\left(-e^{\pi(z_b-z_{b+1})}\right)$ 这项，由 3.1 节初始化可知，z_b-z_{b+1} 为负实数，则 $-e^{\pi(z_b-z_{b+1})}$ 也为一个负实数，对于负实数的对数运算，就按照复数域对数函数的基本法则进行。

当 $m=b-1$ 时，令

$$
\begin{aligned}
z'_{0,b+1} &= \mathrm{i} \times \mathrm{Im}(r_{b-1}) + \mathrm{Re}(z_b) - \mathrm{Re}(r_{b-1}) \\
&= \mathrm{i} \times \mathrm{Im}\big[(z_b - z_{b+1}) + \mathrm{i}\big] + \mathrm{Re}(z_b) - \mathrm{Re}\big[(z_b - z_{b+1}) + \mathrm{i}\big] \quad （\text{C-37}） \\
&= z_{b+1} + \mathrm{i}
\end{aligned}
$$

同理可得：

$$
z'_{0,j} = z_{j-2} + \mathrm{i}\,(j = b+1, b+2, \cdots, c-1) \quad （\text{C-38}）
$$

注意，此变换是将 b 点右边的点向虚轴正方向平移一个虚单位，但与实参的对应关系仍保持。其根本原因是，由任意多边形到矩形区域，需要借助带状区域的基本映射关系，故做此变换。

第六步：

$d+1 \to n$ 点变换：

令

$$
t_j = \mathrm{e}^{-r_{0,j}}\,(j = d-2, d-1, \cdots, n-3) \quad （\text{C-39}）
$$

令 t_j 所有的元素与 1 组成一个向量，即 $\boldsymbol{t}_m$ 向量：

$$
\boldsymbol{t}_m = \Big[1, \mathrm{e}^{-r_{0,d-2}}, \mathrm{e}^{-r_{0,d-1}} \cdots \mathrm{e}^{-r_{0,n-3}}\Big](m = d-3, d-2, \cdots, n-3) \quad （\text{C-40}）
$$

对式（C-40）的向量 $\boldsymbol{t}_m$ 做累加变换：

$$
\boldsymbol{l}_m = \prod_{m=d-3}^{m} \boldsymbol{t}_m\,(m = d-3, d-2, \cdots, n-3) \quad （\text{C-41}）
$$

其中，$\boldsymbol{l}_m$ 共有 $n-d+1$ 项，即 $l_{d-3}=1, l_{d-2}=\mathrm{e}^{-r_{0,d-2}}, l_{d-1}=\mathrm{e}^{-r_{0,d-2}}\mathrm{e}^{-r_{0,d-1}}$，$\cdots$，$l_{n-3}=\mathrm{e}^{-r_{0,d-2}}\mathrm{e}^{-r_{0,d-1}}\cdots\mathrm{e}^{-r_{0,n-3}}$。

对式（C-41）的 l_m 形成的向量做累加变换：

$$
\boldsymbol{h}_m = \sum_{m=d-3}^{m} \boldsymbol{l}_m\,(m = d-3, d-2, \cdots, n-3) \quad （\text{C-42}）
$$

即 $\boldsymbol{h}_m$ 共有 $n-d+1$ 项，$h_{d-3}=1, h_{d-2}=1+\mathrm{e}^{-r_{0,d-2}}, h_{d-1}=1+\mathrm{e}^{-r_{0,d-2}}+\mathrm{e}^{-r_{0,d-2}}\mathrm{e}^{-r_{0,d-1}}, \cdots, h_{n-3}=1+\mathrm{e}^{-r_{0,d-2}}+\mathrm{e}^{-r_{0,d-2}}\mathrm{e}^{-r_{0,d-1}}+\cdots+\mathrm{e}^{-r_{0,d-2}}\mathrm{e}^{-r_{0,d-1}}\cdots\mathrm{e}^{-r_{0,n-3}}$。

令 0 与向量 $\boldsymbol{h}_m$ 所有元素组成新的向量 $\boldsymbol{g}_m$，即

$$
\boldsymbol{g}_m = [0, h_{d-3}, \cdots, h_m, \cdots, h_{n-3}](m = d-4, d-3, \cdots, n-3) \quad （\text{C-43}）
$$

即 $\boldsymbol{g}_m$ 共有 $n-d+2$ 项，$g_{d-4}=0$，$g_{d-3}=1$，$g_{d-2}=1+e^{-\sum\limits_{j=d-2}^{d-2}r_{0,j}}$，$g_{d-1}=1+e^{-\sum\limits_{j=d-2}^{d-2}r_{0,j}}+e^{-\sum\limits_{j=d-2}^{d-1}r_{0,j}}$，

$\cdots$，$g_{n-3}=1+e^{-\sum\limits_{j=d-2}^{d-2}r_{0,j}}+e^{-\sum\limits_{j=d-2}^{d-1}r_{0,j}}+\cdots+e^{-\sum\limits_{j=d-2}^{n-3}r_{0,j}}$。

将 $\boldsymbol{g}_m$ 写成向量的形式，即

$$\boldsymbol{g}_m=\left[0,1,1+e^{-\sum\limits_{j=d-2}^{d-2}r_{0,j}},1+e^{-\sum\limits_{j=d-2}^{d-2}r_{0,j}}+e^{-\sum\limits_{j=d-2}^{d-1}r_{0,j}},\cdots,1+e^{-\sum\limits_{j=d-2}^{d-2}r_{0,j}}+e^{-\sum\limits_{j=d-2}^{d-1}r_{0,j}}+\cdots+e^{-\sum\limits_{j=d-2}^{n-3}r_{0,j}}\right]$$

令 $\boldsymbol{l}_m^1=\left[e^{-\sum\limits_{j=d-2}^{n-3}r_{0,j}},\cdots,e^{-\sum\limits_{j=d-2}^{d-1}r_{0,j}},e^{-\sum\limits_{j=d-2}^{d-2}r_{0,j}},1\right]$，$\boldsymbol{l}_m^1$ 共有 $n-d+1$ 项，对其进行累加变换

可得：

$$\boldsymbol{l}_m^2=\begin{bmatrix}e^{-\sum\limits_{j=d-2}^{n-3}r_{0,j}}\\[2mm]e^{-\sum\limits_{j=d-2}^{n-3}r_{0,j}}+e^{-\sum\limits_{j=d-2}^{n-4}r_{0,j}}\\[2mm]e^{-\sum\limits_{j=d-2}^{n-3}r_{0,j}}+e^{-\sum\limits_{j=d-2}^{n-4}r_{0,j}}+e^{-\sum\limits_{j=d-2}^{n-5}r_{0,j}}\\[2mm]\cdots\\[2mm]e^{-\sum\limits_{j=d-2}^{n-3}r_{0,j}}+e^{-\sum\limits_{j=d-2}^{n-4}r_{0,j}}+e^{-\sum\limits_{j=d-2}^{n-5}r_{0,j}}+\cdots+e^{-\sum\limits_{j=d-2}^{d-1}r_{0,j}}\\[2mm]e^{-\sum\limits_{j=d-2}^{n-3}r_{0,j}}+e^{-\sum\limits_{j=d-2}^{n-4}r_{0,j}}+e^{-\sum\limits_{j=d-2}^{n-5}r_{0,j}}+\cdots+e^{-\sum\limits_{j=d-2}^{d-1}r_{0,j}}+e^{-\sum\limits_{j=d-2}^{d-2}r_{0,j}}\\[2mm]e^{-\sum\limits_{j=d-2}^{n-3}r_{0,j}}+e^{-\sum\limits_{j=d-2}^{n-4}r_{0,j}}+e^{-\sum\limits_{j=d-2}^{n-5}r_{0,j}}+\cdots+e^{-\sum\limits_{j=d-2}^{d-1}r_{0,j}}+e^{-\sum\limits_{j=d-2}^{d-2}r_{0,j}}+1\end{bmatrix} \tag{C-44}$$

$\boldsymbol{l}_m^2$ 共有 $n-d+1$ 项，对式（C-44）的向量进行翻转变换，并在其最后一个元素后面加 0，写成向量的形式，整理可得：

$$
\boldsymbol{l}_m^3 =
\begin{bmatrix}
e^{-\sum_{j=d-2}^{n-3} r_{0,j}} + e^{-\sum_{j=d-2}^{n-4} r_{0,j}} + e^{-\sum_{j=d-2}^{n-5} r_{0,j}} + \cdots + e^{-\sum_{j=d-2}^{d-1} r_{0,j}} + e^{-\sum_{j=d-2}^{d-2} r_{0,j}} + 1 \\[6pt]
e^{-\sum_{j=d-2}^{n-3} r_{0,j}} + e^{-\sum_{j=d-2}^{n-4} r_{0,j}} + e^{-\sum_{j=d-2}^{n-5} r_{0,j}} + \cdots + e^{-\sum_{j=d-2}^{d-1} r_{0,j}} + e^{-\sum_{j=d-2}^{d-2} r_{0,j}} \\[6pt]
e^{-\sum_{j=d-2}^{n-3} r_{0,j}} + e^{-\sum_{j=d-2}^{n-4} r_{0,j}} + e^{-\sum_{j=d-2}^{n-5} r_{0,j}} + \cdots + e^{-\sum_{j=d-2}^{d-1} r_{0,j}} \\[6pt]
\cdots \\[6pt]
e^{-\sum_{j=d-2}^{n-3} r_{0,j}} + e^{-\sum_{j=d-2}^{n-4} r_{0,j}} + e^{-\sum_{j=d-2}^{n-5} r_{0,j}} \\[6pt]
e^{-\sum_{j=d-2}^{n-3} r_{0,j}} + e^{-\sum_{j=d-2}^{n-4} r_{0,j}} \\[6pt]
e^{-\sum_{j=d-2}^{n-3} r_{0,j}} \\[6pt]
0
\end{bmatrix}
\tag{C-45}
$$

l_m^3 共有 $n-d+2$ 项。

令

$$
\boldsymbol{f}_m = \boldsymbol{g}_m - \boldsymbol{l}_m^3 \quad (m = d-4, d-3, \cdots, n-3)
\tag{C-46}
$$

将式（C-43）和式（C-45）代入式（C-46）可得：

$$
\begin{bmatrix}
0 \\[4pt]
1 \\[4pt]
1 + e^{-\sum_{j=d-2}^{d-2} r_{0,j}} \\[4pt]
1 + e^{-\sum_{j=d-2}^{d-2} r_{0,j}} + e^{-\sum_{j=d-2}^{d-1} r_{0,j}} \\[4pt]
\cdots \\[4pt]
1 + e^{-\sum_{j=d-2}^{d-2} r_{0,j}} + e^{-\sum_{j=d-2}^{d-1} r_{0,j}} + \cdots + e^{-\sum_{j=d-2}^{n-6} r_{0,j}} \\[4pt]
1 + e^{-\sum_{j=d-2}^{d-2} r_{0,j}} + e^{-\sum_{j=d-2}^{d-1} r_{0,j}} + \cdots + e^{-\sum_{j=d-2}^{n-5} r_{0,j}} \\[4pt]
1 + e^{-\sum_{j=d-2}^{d-2} r_{0,j}} + e^{-\sum_{j=d-2}^{d-1} r_{0,j}} + \cdots + e^{-\sum_{j=d-2}^{n-4} r_{0,j}} \\[4pt]
1 + e^{-\sum_{j=d-2}^{d-2} r_{0,j}} + e^{-\sum_{j=d-2}^{d-1} r_{0,j}} + \cdots + e^{-\sum_{j=d-2}^{n-3} r_{0,j}}
\end{bmatrix}
-
\begin{bmatrix}
e^{-\sum_{j=d-2}^{n-3} r_{0,j}} + e^{-\sum_{j=d-2}^{n-4} r_{0,j}} + e^{-\sum_{j=d-2}^{n-5} r_{0,j}} + \cdots + e^{-\sum_{j=d-2}^{d-1} r_{0,j}} + e^{-\sum_{j=d-2}^{d-2} r_{0,j}} + 1 \\[4pt]
e^{-\sum_{j=d-2}^{n-3} r_{0,j}} + e^{-\sum_{j=d-2}^{n-4} r_{0,j}} + e^{-\sum_{j=d-2}^{n-5} r_{0,j}} + \cdots + e^{-\sum_{j=d-2}^{d-1} r_{0,j}} + e^{-\sum_{j=d-2}^{d-2} r_{0,j}} \\[4pt]
e^{-\sum_{j=d-2}^{n-3} r_{0,j}} + e^{-\sum_{j=d-2}^{n-4} r_{0,j}} + e^{-\sum_{j=d-2}^{n-5} r_{0,j}} + \cdots + e^{-\sum_{j=d-2}^{d} r_{0,j}} \\[4pt]
\cdots \\[4pt]
e^{-\sum_{j=d-2}^{n-3} r_{0,j}} + e^{-\sum_{j=d-2}^{n-4} r_{0,j}} + e^{-\sum_{j=d-2}^{n-5} r_{0,j}} \\[4pt]
e^{-\sum_{j=d-2}^{n-3} r_{0,j}} + e^{-\sum_{j=d-2}^{n-4} r_{0,j}} \\[4pt]
e^{-\sum_{j=d-2}^{n-3} r_{0,j}} \\[4pt]
0
\end{bmatrix}
$$

$$
=\begin{bmatrix}
0 - e^{-\sum_{j=d-2}^{n-3} r_{0,j}} - e^{-\sum_{j=d-2}^{n-4} r_{0,j}} - e^{-\sum_{j=d-2}^{n-5} r_{0,j}} - \cdots - e^{-\sum_{j=d-2}^{d-1} r_{0,j}} - e^{-\sum_{j=d-2}^{d-2} r_{0,j}} - 1 \\
1 - e^{-\sum_{j=d-2}^{n-3} r_{0,j}} - e^{-\sum_{j=d-2}^{n-4} r_{0,j}} - e^{-\sum_{j=d-2}^{n-5} r_{0,j}} - \cdots - e^{-\sum_{j=d-2}^{d-1} r_{0,j}} - e^{-\sum_{j=d-2}^{d-2} r_{0,j}} \\
1 - e^{-\sum_{j=d-2}^{n-3} r_{0,j}} - e^{-\sum_{j=d-2}^{n-4} r_{0,j}} - e^{-\sum_{j=d-2}^{n-5} r_{0,j}} - \cdots - e^{-\sum_{j=d-2}^{d-1} r_{0,j}} + e^{-\sum_{j=d-2}^{d-2} r_{0,j}} \\
1 - e^{-\sum_{j=d-2}^{n-3} r_{0,j}} - e^{-\sum_{j=d-2}^{n-4} r_{0,j}} - e^{-\sum_{j=d-2}^{n-5} r_{0,j}} - \cdots + e^{-\sum_{j=d-2}^{d} r_{0,j}} + e^{-\sum_{j=d-2}^{d-1} r_{0,j}} + e^{-\sum_{j=d-2}^{d-2} r_{0,j}} \\
\cdots \\
1 - e^{-\sum_{j=d-2}^{n-3} r_{0,j}} - e^{-\sum_{j=d-2}^{n-4} r_{0,j}} - e^{-\sum_{j=d-2}^{n-5} r_{0,j}} - e^{-\sum_{j=d-2}^{n-6} r_{0,j}} + \cdots + e^{-\sum_{j=d-2}^{d-1} r_{0,j}} + e^{-\sum_{j=d-2}^{d-2} r_{0,j}} \\
1 - e^{-\sum_{j=d-2}^{n-3} r_{0,j}} - e^{-\sum_{j=d-2}^{n-4} r_{0,j}} + e^{-\sum_{j=d-2}^{n-5} r_{0,j}} + \cdots + e^{-\sum_{j=d-2}^{d-1} r_{0,j}} + e^{-\sum_{j=d-2}^{d-2} r_{0,j}} \\
1 - e^{-\sum_{j=d-2}^{n-3} r_{0,j}} + e^{-\sum_{j=d-2}^{n-4} r_{0,j}} + \cdots + e^{-\sum_{j=d-2}^{d-1} r_{0,j}} + e^{-\sum_{j=d-2}^{d-2} r_{0,j}} \\
1 + e^{-\sum_{j=d-2}^{n-3} r_{0,j}} + e^{-\sum_{j=d-2}^{n-4} r_{0,j}} + \cdots + e^{-\sum_{j=d-2}^{d-1} r_{0,j}} + e^{-\sum_{j=d-2}^{d-2} r_{0,j}} - 0
\end{bmatrix} \quad (\text{C–47})
$$

在式（C–47）中，注意 $r_{0,j}$ 的下标位置，将附录 C 中无约束变换的式（C–14）的结果代入式（C–47）进行整理可得：

$$
\boldsymbol{f}_m = \begin{bmatrix}
-2 \big/ \left(1 - e^{\pi x_{d+1}}\right) \\
-2e^{(\pi x_{d+1})} \big/ \left(1 - e^{(\pi x_{d+1})}\right) \\
-2e^{(\pi x_{d+2})} \big/ \left(1 - e^{(\pi x_{d+1})}\right) \\
-2e^{(\pi x_{d+3})} \big/ \left(1 - e^{(\pi x_{d+1})}\right) \\
\cdots \\
-2e^{(\pi x_{N-2})} \big/ \left(1 - e^{(\pi x_{d+1})}\right) \\
-2e^{(\pi x_{N-1})} \big/ \left(1 - e^{(\pi x_{d+1})}\right) \\
-2e^{(\pi x_{N})} \big/ \left(1 - e^{(\pi x_{d+1})}\right) \\
2 \big/ \left(1 - e^{(\pi x_{d+1})}\right)
\end{bmatrix}
$$

$$\left(m=d-4,d-3,\cdots,n-3\right) \qquad (\text{C--48})$$

令

$$r_m=\ln\left(\frac{f_m}{f_{c-2}}\right)\Big/\pi\left(m=d-3,d-2,\cdots,n-4\right) \qquad (\text{C--49})$$

当 $m=d-3$ 时：

$$
\begin{aligned}
r_{d-3} &=\ln\left(\frac{h_{d-3}}{h_{n-3}}\right)\Big/\pi=\ln\left(\frac{-2\mathrm{e}^{\pi x_{d+1}}\big/\left(1-\mathrm{e}^{\pi x_{d+1}}\right)}{2\big/\left(1-\mathrm{e}^{\pi x_{d+1}}\right)}\right)\Big/\pi \\
&=\ln\left(-\mathrm{e}^{\pi x_{d+1}}\right)\Big/\pi \\
&=\left[\ln\left|-\mathrm{e}^{\pi x_{d+1}}\right|+\mathrm{i}\times\arg\left(-\mathrm{e}^{\pi x_{d+1}}\right)\right]\Big/\pi \\
&=\left(\pi x_{d+1}+\mathrm{i}\times\pi\right)/\pi \\
&=x_{d+1}+\mathrm{i}
\end{aligned}
\qquad (\text{C--50})
$$

同理可得：

$$z'_{0,j-4}=x_j+\mathrm{i}\left(j=d+1,d+2,\cdots,N\right) \qquad (\text{C--51})$$

注意，此变换是将 d 点右边的点向虚轴正方向平移一个虚单位，但与实参的对应关系仍保持。其根本原因是，由任意多边形到矩形区域，需要借助带状区域的基本映射关系，故做此变换。